"安康杯"
竞赛活动指导手册

任国友　侯烺祎◎主编

中国工人出版社

编写委员会

主 编

任国友　侯烺祎

编 委

（按姓氏笔画排序）

王永柱　杨鑫刚　李佳玮

宫　婕　胡广霞　窦培谦

前　言

本书以习近平新时代中国特色社会主义思想和党的二十大精神为指导，深入贯彻习近平总书记关于安全生产和职业健康工作的重要论述精神，全面落实《中华全国总工会　应急管理部　国家卫生健康委员会关于进一步深化全国"安康杯"竞赛活动的指导意见》等系列文件要求，立足"安康杯"竞赛活动实际，以"提升职工安全素质、服务基层工会工作、推动竞赛创新发展"为目标，以"安康杯"竞赛活动的"动员、准备、组织、监督、创新、宣贯"为主线，为广大职工参加"安康杯"竞赛活动提供通俗易懂的指导手册。

"安康杯"是取"安全"和"健康"之意而设立的安全生产荣誉奖杯，是社会主义劳动竞赛在安全生产工作中的具体应用、实践和延伸。深入开展"安康杯"竞赛是当前工会工作的一项重要创举，已成为工会劳动保护工作的一个品牌。中国工会十八大提出，完善工会劳动保护监督机制，加强安全生产和职业健康工作，深化"安康杯"竞赛等群众性安全生产活动。2023年10月23日，习近平总书记在同中华全国总工会新一届领导班子成员集体谈话时强调，要围绕贯彻新发展理念、构建新发展格局、推动高质量发展，广泛深入开展各种形式的劳动和技能竞赛，激发广大职工的劳动热情、创造潜能，在各行各业各个领域充分发挥主力军作用。当前形势下，开展"安康杯"竞赛活动意义重大。

全书共分11章，分别是第1章"安康杯"竞赛活动背景（由侯烺祎、任国友编写），第2章"安康杯"竞赛活动的动员与宣传贯彻（由任国友、李佳玮编写），第3章"安康杯"竞赛活动的内容与要求（由宫婕编写），第4章"安康杯"竞赛活动的规划与准备（由杨鑫刚编写），第5章"安康杯"竞赛活动的组织与运作（由杨鑫刚编写），第6章"安康杯"竞赛活动的评选与管理（由胡广霞编写），第7章"安康杯"竞赛活动的职工安全教育（由胡广霞编写），第8章"安康杯"竞赛活动的企业班组建设（由王永柱编写），第9章"安康杯"竞赛活动的职工安全文化建设（由王永柱编写），第10章"安康杯"竞赛活动与工会劳动保护监督（由窦培谦编写）和第11章"安康杯"竞赛活动的创新与实践（由窦培谦编写）。

本书的部分内容为2022年北京市社会科学基金决策咨询项目"平安北京校园新兴风险治理对策研究"（项目编号：22JCC123）、2022年度高等教育科学研究规划课题"中小学劳动教育基地认定标准"和国家级课程思政示范课程项目"应急决策理论与方法"（教高函〔2021〕7号）的阶段性成果。

当前，对"安康杯"竞赛活动的建设研究探索刚刚起步，本书的主要内容是"安康杯"竞赛活动的基础知识、基本流程与创新实践的初步总结，难免存在误漏、不当之处，敬请读者多提宝贵意见。

最后，感谢每一位阅读本书的读者，如果在阅读过程中发现任何不妥或需要改进之处，欢迎与我们联系，以便我们不断完善本书内容。

编者

2024年8月15日

目 录

第 1 章 "安康杯"竞赛活动背景 　　001

一、安全生产和职业病防治法律法规重点内容 　　003
1. 《中华人民共和国职业病防治法》的主要内容 　　003
2. 《中华人民共和国安全生产法》的相关规定 　　004

二、三部门联合下发《指导意见》 　　007
1. 《指导意见》对"安康杯"竞赛活动的总体要求 　　007
2. 《指导意见》对"安康杯"竞赛活动的具体措施 　　009
3. 《指导意见》对"安康杯"竞赛活动的组织保障 　　010

第 2 章 "安康杯"竞赛活动的动员与宣传贯彻 　　013

一、全面认识开展"安康杯"竞赛活动的重要意义 　　015
1. 显著提升职工的安全意识和技能水平 　　015
2. 有助于推动企业的安全文化建设 　　015
3. 有助于促进企业和社会之间的和谐发展 　　016

4. 有助于贯彻落实国家安全生产方针政策　　017
5. 有助于推动竞赛活动创新发展　　018

三、全面动员和激活"安康杯"竞赛活动主体　　020
1. 全国"安康杯"竞赛组委会竞赛活动主题要求　　020
2. 地方工会规划设计好"安康杯"竞赛活动的重点内容　　021
3. 企业工会精心谋划好"安康杯"竞赛活动的组织实施　　022
4. 职工个体全力参与"安康杯"竞赛活动的技能培训　　024

第3章 "安康杯"竞赛活动的内容与要求　　027

一、"安康杯"竞赛活动的主要内容　　029
1. 制定"安康杯"竞赛活动推进规划　　029
2. 组织职工技能教育培训　　032
3. 开展企业安全健康文化建设　　033
4. 隐患排查治理　　034
5. 开展班组安全建设　　036
6. 宣传典型，示范引领　　039

二、"安康杯"竞赛活动的考核要求　　040
1. 组织领导要求　　040
2. 组织开展安全生产法规培训教育要求　　041
3. 班组安全建设要求　　043
4. 安全生产管理要求　　045
5. 群众监督要求　　046
6. 事故控制要求　　048

4. 竞赛程序演练　　　　　　　　　　　　　　　　077

第5章 "安康杯"竞赛活动的组织与运作　　　　　081

一、科学搭建组织机构　　　　　　　　　　　　　083
1. 班组"安康杯"竞赛活动小组　　　　　　　　　083
2. 企业"安康杯"竞赛组委会　　　　　　　　　　084

二、策划组织竞赛流程　　　　　　　　　　　　　086
1. 班组"安康杯"竞赛组织简易流程　　　　　　　086
2. 企业"安康杯"竞赛组织基本流程　　　　　　　087

三、推广竞赛交流平台　　　　　　　　　　　　　088
1. 班组"安康杯"竞赛个人典型示范　　　　　　　088
2. 企业"安康杯"竞赛交流宣传平台　　　　　　　093

第6章 "安康杯"竞赛活动的评选与管理　　　　　099

一、"安康杯"竞赛活动的评选推荐　　　　　　　101
1. 班组"安康杯"竞赛的评选推荐程序　　　　　　101
2. 企业"安康杯"竞赛的评选推荐程序　　　　　　102

二、"安康杯"竞赛活动的过程管理　　　　　　　103
1. 班组"安康杯"竞赛的管理　　　　　　　　　　103
2. 企业"安康杯"竞赛的管理　　　　　　　　　　104

三、"安康杯"竞赛活动的品牌树立　　105
1. "安康杯"竞赛的优胜班组　　105
2. "安康杯"竞赛的企业品牌　　107

第7章　"安康杯"竞赛活动的职工安全教育　　121

一、"安康杯"竞赛职工安全教育的重点内容　　123
1. 职工安全生产权利　　123
2. 职工安全生产义务　　125
3. 安全生产基础知识　　126
4. 应急救援基础知识　　134
5. 职业健康基础知识　　137

二、"安康杯"竞赛职工安全教育的主要形式　　148
1. 集中进行课堂培训　　148
2. 演练　　148
3. 班前班后安全活动　　149
4. 安全竞赛及安全活动　　149
5. 参观展览　　149
6. 开展多形式的安全宣传　　149

二、"安康杯"竞赛职工安全教育的考核要求　　150
1. 考核制度　　150
2. 考核的形式　　150
3. 安全生产教育培训评估　　150

第 8 章 "安康杯"竞赛活动的企业班组建设　　153

一、"安康杯"竞赛企业班组建设的重点内容　　155
1. 班组组织建设　　155
2. 班组制度建设　　156
3. 班组安全教育培训　　156
4. 班组安全文化建设　　158
5. 班组安全生产检查　　161
6. 班组安全生产隐患排查与治理　　162

二、"安康杯"竞赛企业班组建设的主要形式　　163
1. 增强职工的安全生产意识　　164
2. 严格班组管理考核　　165
3. 多项活动结合，丰富"安康杯"竞赛内容　　165

三、"安康杯"竞赛企业班组建设的考核要求　　166
1. 基本要求　　166
2. 考核内容及标准　　166
3. 考核办法　　168
4. 表彰奖励　　169
5. 考核否决　　169

第 9 章 "安康杯"竞赛活动的职工安全文化建设　　171

一、"安康杯"竞赛职工安全文化建设的重点内容　　173
1. 职工安全物质文化建设　　173

2. 职工安全制度文化建设　177
3. 观念安全文化建设　181
4. 行为安全文化建设　184

二、"安康杯"竞赛职工安全文化建设的主要形式　185
1. 督促企业落实职工安全文化建设主体责任　185
2. 强化主人翁意识，切实发挥好职工作用　186
3. 推进安全生产文化建设　187

三、"安康杯"竞赛职工安全文化建设的考核要求　189
1. 考核内容　189
2. 评分方法　200

第10章　"安康杯"竞赛活动与工会劳动保护监督　203

一、工会劳动保护监督的内容　205
1. 劳动条件　206
2. 教育培训　206
3. 建章立制　207
4. 休息休假　208
5. 特殊保护　208

二、工会劳动保护监督的形式　209
1. 事前监督　209
2. 事中监督　209
3. 事后监督　210

三、工会劳动保护监督的考核要求 210
1. 安全检查 210
2. 监控与监督整改 211
3. 生产事故调查处理 212

四、工会劳动保护监督管理机制 215
1. 转变观念意识 215
2. 建立健全各级工会劳动保护监督网络 216
3. 建立完善源头参与机制 216
4. 深化职工职业健康安全代表制度 217
5. 发挥"安康杯"竞赛的作用 218

第11章 "安康杯"竞赛活动的创新与实践 219

一、"安康杯"竞赛活动的创新载体 221
1. 创新多样化的竞赛主题 221
2. 多元化的参赛形式 222

二、"安康杯"竞赛活动的创新内容 224
1. 找准竞赛的切入点 225
2. 加强竞赛过程管理 225
3. 突出竞赛维护职工安全与健康的本质特点 225
4. 注重竞赛效果,保证竞赛过程公平公正公开 226
5. 构建长效机制,使制度具有长期性、稳定性和约束力 226
6. 狠抓职工安全教育 227
7. 加入《安全生产法》有关内容 227

7. 组织宣传要求　　049

第 4 章 "安康杯"竞赛活动的规划与准备　　051

一、"安康杯"竞赛活动方案制定要点　　053
1. "安康杯"竞赛活动的准备　　053
2. "安康杯"竞赛活动的目标　　054
3. "安康杯"竞赛主题的设计　　055
4. "安康杯"竞赛活动的动员　　056
5. "安康杯"竞赛活动的形式　　057
6. "安康杯"竞赛活动的宣传　　059
7. "安康杯"竞赛活动的举办　　060
8. "安康杯"竞赛活动的总结　　061

二、"安康杯"竞赛活动知识准备要点　　062
1. 企业安全管理基本常识　　062
2. 工会劳动保护监督重点内容　　064
3. 班组安全建设主要方法　　066
4. 个人劳动防护用品基本常识　　068
5. 女职工劳动保护基本常识　　069
6. 消防与交通安全管理基本知识　　071

三、"安康杯"竞赛活动技能训练要点　　072
1. 专项技术培训　　072
2. 技能比武与岗位练兵　　074
3. 消防应急演练　　076

8. 多元化创新 227
9. 认识竞赛在安全生产工作中的地位和作用 228
10. 协调推进 228
11. 创新活动形式，扩大竞赛品牌效应 228
12. 加强竞赛活动的信息交流和宣传报道 229

三、"安康杯"竞赛活动的创新形式 229
1. 向"智力型"转变 229
2. 向"健康型"转变 230
3. 向"防护型"转变 230
4. 向"创新型"转变 230
5. 向"效益型"转变 231

四、"安康杯"竞赛活动的创新案例 231
1. 班组"安康杯"竞赛活动的创新案例 231
2. 企业"安康杯"竞赛活动的创新案例 234

参考文献 237

第 1 章
"安康杯"竞赛活动背景

第1章 "安康杯"竞赛活动背景

 安全生产和职业病防治法律法规重点内容

1.《中华人民共和国职业病防治法》的主要内容

2001年10月27日第九届全国人民代表大会常务委员会第二十四次会议通过，根据2011年12月31日第十一届全国人民代表大会常务委员会第二十四次会议《关于修改〈中华人民共和国职业病防治法〉的决定》第一次修正，根据2016年7月2日第十二届全国人民代表大会常务委员会第二十一次会议《关于修改〈中华人民共和国节约能源法〉等六部法律的决定》第二次修正，根据2017年11月4日第十二届全国人民代表大会常务委员会第三十次会议《关于修改〈中华人民共和国会计法〉等十一部法律的决定》第三次修正，根据2018年12月29日第十三届全国人民代表大会常务委员会第七次会议《关于修改〈中华人民共和国劳动法〉等七部法律的决定》第四次修正。

修订后的《中华人民共和国职业病防治法》（以下简称《职业病防治法》）分总则、前期预防、劳动过程中的防护与管理、职业病诊断与职业病病人保障、监督检查、法律责任、附则共7章88条。该法规定，职业病防治工作坚持预防为主、防治结合的方针，建立用人单位负责、行政机关监管、行业自律、职工参与和社会监督的机制，实行分类管理、综合治理。劳动者依法享有职业卫生保护的权利。用人单位应当为劳动者创造符合国家职业卫生标准和卫生要求的工作环境和条件，并采取措施保障劳动者获得职业卫生保护。工会组织依法对职业病防治工作进行监督，维护劳动者的合法权益。用人单位制定或者修改有关职业病防治的规章制度，应当听取工会组织的意见。

为了避免不符合职业卫生要求的项目上马后，再走"先危害、后治理"的老路，从根本上控制或消除职业危害，该法规定，实行职业危害预评价制度。首先，在建设项目可行性论证阶段，建设单位应当对可能产生的职业病危害因素及其对工作场所和劳动者健康的影响进行评价，确定危害类别和防护措施，并向安全生产监督管理部门提交职业病危害预评价报告。其次，建设项目的职业病防护设施所需费用应当纳入工程预算，防护设施应当与主体工程同时设计、同时施工、同时投入生产和使用；建设项目竣工验收时，建设单位应当进行职业病危害控制效果评价，经安全生产监督管理部门验收合格后，方可正式投入生产和使用。

对已经被诊断为职业病的病人，该法规定，用人单位应当保障职业病病人依法享受国家规定的职业病待遇。用人单位应当按照国家有关规定，安排病人进行治疗、康复和定期检查；职业病病人的诊疗、康复费用，伤残以及丧失劳动能力的职业病病人的社会保障，按照国家有关工伤保险的规定执行。劳动者被诊断患有职业病，但用人单位没有依法参加工伤保险的，其医疗和生活保障由该用人单位承担。

关于职业病病人的安置和社会保障，该法规定，用人单位在疑似职业病病人诊断或者医学观察期间，不得解除或者终止与其订立的劳动合同。用人单位对不适宜继续从事原工作的职业病病人，应当调离原岗位，并妥善安置。职业病病人工作单位变动，其依法享有的待遇不变；用人单位发生分立、合并、解散、破产等情形的，应当对从事接触职业危害作业的劳动者进行健康检查，并按照国家有关规定妥善安置职业病病人。用人单位已经不存在或者无法确认劳动关系的职业病病人，可以向地方人民政府民政部门申请医疗救助和生活等方面的救助。

2.《中华人民共和国安全生产法》的相关规定

2002年6月29日第九届全国人民代表大会常务委员会第二十八次会议

通过了《中华人民共和国安全生产法》（以下简称《安全生产法》），并于 2002 年 11 月 1 日起实施。根据 2009 年 8 月 27 日第十一届全国人民代表大会常务委员会第十次会议《关于修改部分法律的决定》第一次修正，根据 2014 年 8 月 31 日第十二届全国人民代表大会常务委员会第十次会议《关于修改〈中华人民共和国安全生产法〉的决定》第二次修正，根据 2021 年 6 月 10 日第十三届全国人民代表大会常务委员会第二十九次会议《关于修改〈中华人民共和国安全生产法〉的决定》第三次修正。

《安全生产法》共 7 章 119 条，适用于在中华人民共和国领域内从事生产经营活动的单位（以下统称生产经营单位）的安全生产。对于有关法律、行政法规对消防安全和道路交通安全、铁路交通安全、水上交通安全、民用航空安全另有规定的，则适用其规定。现将《安全生产法》的核心内容归纳如下：

《安全生产法》的第一条，开宗明义地指出了立法目标：加强安全生产工作，防止和减少生产安全事故，保障人民群众生命和财产安全，促进经济社会持续健康发展。

《安全生产法》的总则规定，安全生产工作应当以人为本，坚持人民至上、生命至上，把保护人民生命安全摆在首位，树牢安全发展理念，坚持安全第一、预防为主、综合治理的方针，从源头上防范化解重大安全风险。

《安全生产法》的总则规定，安全生产工作实行管行业必须管安全、管业务必须管安全、管生产经营必须管安全，强化和落实生产经营单位主体责任与政府监管责任，建立生产经营单位负责、职工参与、政府监管、行业自律和社会监督的机制。

《安全生产法》确定了我国安全生产的基本法律制度。分别为：生产经营单位的安全保障制度；从业人员的安全生产权利义务制度；安全生产的监督管理制度；生产安全事故的应急救援与调查处理制度；法律责任制度。

生产经营单位必须遵守本法和其他有关安全生产的法律、法规，加强安全生产管理，建立健全全员安全生产责任制和安全生产规章制度，加大对安全生产资金、物资、技术、人员的投入保障力度，改善安全生产条件，加强安全生产标准化、信息化建设，构建安全风险分级管控和隐患排查治理双重预防机制，健全风险防范化解机制，提高安全生产水平，确保安全生产。

《安全生产法》指明了实现我国安全生产的三大对策体系：

第一，事前预防对策体系。即要求生产经营单位建立安全生产责任制、坚持"三同时"、保证安全机构及专业人员落实安全投入、进行安全培训、实行危险源管理、进行项目安全评价、推行安全设备管理、落实现场安全管理、严格交叉作业管理、实施高危作业安全管理、保证承包租赁安全管理、落实工伤保险等，同时加强政府监管、发动社会监督、推行中介技术支持等都是预防策略。

第二，事中应急救援体系。即要求政府建立本行政区域内的重大安全事故救援体系，制定社区事故应急救援预案；要求生产经营单位进行危险源的预控，制定事故应急救援预案等。

第三，建立事后处理对策系统。即包括推行严密的事故处理及严格的事故报告制度，实施事故后的行政责任追究制度，强化事故经济处罚，明确事故刑事责任追究等。

《安全生产法》指明了生产经营单位主要责任人的七项责任。即建立健全并落实本单位全员安全生产责任制，加强安全生产标准化建设；组织制定并实施本单位安全生产规章制度和操作规程；组织制定并实施本单位安全生产教育和培训计划；保证本单位安全生产投入的有效实施；组织建立并落实安全风险分级管控和隐患排查治理双重预防工作机制，督促、检查本单位的安全生产工作，及时消除生产安全事故隐患；组织制定并实施本单位的生产安全事故应急救援预案；及时、如实报告生产安全事故。

《安全生产法》规定了生产经营单位的安全生产管理机构以及安全生产管理人员的七项职责。即组织或者参与拟订本单位安全生产规章制度、操作规程和生产安全事故应急救援预案；组织或者参与本单位安全生产教育和培训，如实记录安全生产教育和培训情况；组织开展危险源辨识和评估，督促落实本单位重大危险源的安全管理措施；组织或者参与本单位应急救援演练；检查本单位的安全生产状况，及时排查生产安全事故隐患，提出改进安全生产管理的建议；制止和纠正违章指挥、强令冒险作业、违反操作规程的行为；督促落实本单位安全生产整改措施。

《安全生产法》以法定形式，明确规定了我国安全生产的多种监督方式。第一，工会监督。生产经营单位的工会依法组织职工参加本单位安全生产工作的民主管理和民主监督，维护职工在安全生产方面的合法权益。生产经营单位制定或者修改有关安全生产的规章制度，应当听取工会的意见。第二，舆论监督。新闻、出版、广播、电影、电视等单位有进行安全生产公益宣传教育的义务，有对违反安全生产法律、法规的行为进行舆论监督的权利。第三，举报监督。负有安全生产监督管理职责的部门应当建立举报制度，公开举报电话、信箱或者电子邮件地址等网络举报平台，受理有关安全生产的举报；受理的举报事项经调查核实后，应当形成书面材料；需要落实整改措施的，报经有关负责人签字并督促落实。对不属于本部门职责，需要由其他有关部门进行调查处理的，转交其他有关部门处理。

三部门联合下发《指导意见》

2019年6月，中华全国总工会、应急管理部和国家卫生健康委员会三部门联合下发《关于进一步深化全国"安康杯"竞赛活动的指导意见》（以下简称《指导意见》）。《指导意见》提出了开展"安康杯"竞赛活动的总体要求、具体措施和组织保障三方面工作要点。

1.《指导意见》对"安康杯"竞赛活动的总体要求

（1）指导思想

以习近平新时代中国特色社会主义思想和党的二十大精神为指导，深入贯彻习近平总书记关于安全生产和职业健康工作的重要指示精神，落实党中央、国务院的各项决策部署，坚持以人民为中心，牢固树立安全发展理念，大力弘扬生命至上、安全第一的思想。以贯彻落实《中共中央 国务院关于推进安全生产领域改革发展的意见》为抓手，以预防生产安全事故和控制职业病危害为重点，积极推动企业主体责任、全员安全生产和职业病防治责任制的落实，广泛组织开展群众性安全生产和职业病防治活动，扎实推进企业安全健康文化建设，努力提升企业安全生产和职业病防治水平，切实维护职工安全健康权益，为决胜全面建成小康社会提供良好的安全生产环境。

（2）基本原则

①坚持围绕大局。深入贯彻落实习近平总书记关于安全生产和职业健康工作的重要指示精神，不断提高政治站位，切实把思想和行动统一到党中央、国务院的决策部署上来，把竞赛活动放到党和国家工作大局中去谋划和推动。

②注重职工参与。"安康杯"竞赛活动是以广大职工为主体的群众性竞赛活动，职工群众的广泛参与是"安康杯"竞赛活动的重要基础和生命力所在。要采取有效措施，切实把职工组织起来，参与到竞赛活动中去。

③突出维护职能。要充分发挥竞赛活动在维护职工安全健康权益中的重要作用，通过竞赛活动，增强职工的安全意识、责任意识、应急处理和自我保护能力，更好地维护职工安全健康权益，进一步提升职工的安全感、获得感、幸福感。

④强化改革创新。要以推进安全生产领域改革发展为契机，主动适应新时代对安全生产和职业病防治工作提出的新要求，围绕理论创新、制度创新、体制机制创新、科技创新和文化创新，不断推动竞赛活动创新发展。

⑤有效整合资源。要加强统筹谋划，整合资源，主动协作，充分调动各方面积极性，推动形成党政支持、工会主导、部门联动、企业运作、职工参

与的工作格局。

（3）主要目标

"安康杯"竞赛活动参赛范围不断扩大，吸引更多的企业特别是中小微企业和农民工比较集中的劳动密集型企业参赛，逐步实现竞赛全覆盖；安全生产工作持续稳定健康发展，企业全员安全生产和职业病防治责任制进一步落实，安全健康文化建设进一步加强，职工安全责任意识和应急能力进一步增强；企业职业病防治主体责任不断落实，工作场所作业环境持续改善；最终达到减少生产安全事故和职业病发病的目的。

2.《指导意见》对"安康杯"竞赛活动的具体措施

（1）突出竞赛活动重点

各级竞赛组委会和参赛单位要制定切实可行的"安康杯"竞赛活动推进规划，着重围绕安全生产和职业病防治教育培训，提升职工安全技能和职业病防护水平；围绕企业安全健康文化建设，引导企业营造人人讲安全健康、事事重安全健康、处处保安全健康的安全生产环境；围绕隐患排查治理活动，构筑群防群治安全生产防线；强化职业健康文化建设，扎实开展职业病危害治理；围绕班组安全建设，引导企业进一步夯实安全生产和职业病防治基础；围绕推动落实企业全员安全生产和职业病防治责任制，建立"层层负责、人人有责、各负其责"的工作体系。通过竞赛活动，把安全生产和职业病防治的各项措施落实到每个岗位、每名职工，营造健康和谐的安全生产环境，形成人人重安全和职业健康、人人懂安全和职业健康、人人抓安全和职业健康的良好局面。

（2）丰富竞赛形式和内容

各级竞赛组委会和参赛单位要围绕竞赛主题，进一步丰富和创新竞赛活动，做到既与时俱进又适应企业发展需要，既围绕大局又贴近实际，既体现行业特色又突出区域特点。要把"安康杯"竞赛与劳动和技能竞赛、工会劳动保护等工作有机融合，通过技术培训、技能比武、岗位练兵、应急演练等活动，全面提升职工安全防护和职业病防治的意识和技能，着力提高竞赛的质量和效果。要充分吸收职工的意见建议和需求，采取职工喜闻乐见的形式，将竞赛活动变为职工的自觉行动，鼓励并激发广大职工自觉学习安全生产和职业病防治知识，掌握自我防护和自救互救技能。

（3）扩大竞赛活动覆盖面

各级竞赛组委会要结合实际，继续推广城市、乡镇、街道、社区和工业园区试点经验，吸引更多企业和职工参与到竞赛活动中，进一步扩大活动覆盖面。把煤矿、建筑、交通、石油、化工、电力等高危行业和非公中小企业以及设备、技术、工艺落后的企业作为重点领域，把一线职工、农民工、重体力劳动职工等群体作为重点对象。

（4）加大竞赛宣传力度

充分发挥主流媒体的权威性和新媒体的便捷性，将竞赛宣传与安全生产和职业病防治相关法律法规的宣传结合起来，与"安全生产月"、《职业病防治法》宣传周等活动结合起来，多角度、全方位向广大职工进行宣传，建设健康向上的安全和职业健康文化，培养职工安全防护、职业病防治意识和职业习惯，真正用深厚的安全健康文化铸起安康盾牌。

3.《指导意见》对"安康杯"竞赛活动的组织保障

（1）高度重视，精心组织

各级竞赛组委会要高度重视，加强对竞赛活动的组织领导，要按照全国竞赛组委会的要求，制定符合自身特点和实际的竞赛方案。要创新方式方法，不断完善竞赛机制，努力做到竞赛规划科学周详、竞赛方案符合实际、工作措施具体可行、督促检查坚强有力、激励机制健全有效。要结合各级工会和参赛单位自身实际，建立健全竞赛活动评选推荐机制，根据新的形势和任务，推动"安康杯"竞赛活动创新发展。

（2）加强监督，务求实效

各级竞赛组委会要加强对"安康杯"竞赛活动的监督，及时指导"安康杯"竞赛活动的开展,认真履行监督检查职责,根据竞赛考核标准对参赛单位进行检查、考核。把"安康杯"竞赛活动纳入各级政府安全生产责任制考核内容,推动竞赛活动与安全生产和职业病防治工作同部署、同推进、同落实。

（3）总结经验,示范引领

认真总结各地、产业和企业开展竞赛活动的典型经验,把实践中创造出来的行之有效的、具有引领性的活动经验,及时上升到制度层面固定下来、加以推广,广泛宣传各地、产业和企业开展竞赛活动的成功经验,组织开展学习交流活动,充分发挥典型经验的示范作用,以点带面推动竞赛活动深入开展。

第 2 章
"安康杯"竞赛活动的动员与宣传贯彻

第 2 章 "安康杯"竞赛活动的动员与宣传贯彻

 全面认识开展"安康杯"竞赛活动的重要意义

1. 显著提升职工的安全意识和技能水平

通过参与竞赛，职工可以更加深入地了解安全生产的规章制度和操作要求，掌握安全生产的技能和知识，提高自身的安全素质。这不仅能够保障职工个人的生命安全和身体健康，也能够减少安全事故给企业带来的经济损失和负面影响。

（1）使职工充分认识到安全生产的重要性

活动过程中，通过举办安全知识讲座、播放安全教育影片、展示安全事故案例等形式，让职工深刻认识到安全事故对个人和企业的危害，从而增强他们的安全意识和自我保护能力。

（2）为职工提供一个学习和交流的平台

在竞赛中，职工可以通过实际操作、模拟演练等方式，学习和掌握安全生产的技能和知识。同时，职工之间还可以相互学习、相互借鉴，共同进步。这种学习和交流的过程，不仅提升职工的安全技能水平，也促进企业安全文化的形成和发展。

（3）激发职工参与安全生产的积极性和主动性

在活动中，对于表现出色的职工给予表彰和奖励，这不仅是对他们努力的肯定，也能激发其他职工参与竞赛、提升安全技能的热情。这种激励机制的形成，有助于形成人人关心安全、人人参与安全的良好氛围。

2. 有助于推动企业的安全文化建设

安全文化是企业发展的重要支撑，它涉及企业的管理理念、职工的行为习惯以及企业的社会形象等多个方面。通过竞赛的形式，可以激发职工对安全生产的关注和参与热情，形成人人关心安全、人人参与安全的良好氛围。这不仅可以提升企业的整体安全水平，也能够增强企业的凝聚力和向心力。

（1）增强职工的安全意识

"安康杯"竞赛活动通过一系列竞赛项目，使职工更加深入地了解安全生产的规章制度和操作要求，增强职工的安全意识。这种意识的提升，使得职工在日常工作中能够自觉遵守安全规程，积极预防和避免安全事故的发生，从而为企业安全文化的形成奠定坚实的基础。

（2）强化职工安全知识和技能的提升

竞赛活动不仅注重安全知识的普及，更强调安全技能的提升。通过实际操作、模拟演练等方式，职工能够掌握安全生产的实际操作技能，提高应对突发事件的能力。这种技能的提升，使得职工在面对安全风险时能够迅速、准确地作出反应，有效地降低安全事故的发生概率。

（3）促进企业安全管理创新

"安康杯"竞赛活动促进企业内部的安全管理创新。在竞赛过程中，企业和职工会不断探索新的安全管理方法和手段，以提高安全管理的效率和效果。这种创新精神的激发，有助于企业形成具有自身特色的安全文化，提升企业的整体安全水平。

（4）营造良好的安全文化氛围

通过"安康杯"竞赛活动的开展，企业还能够形成人人关心安全、人人参与安全的良好氛围。这种氛围的营造，使得安全文化成为企业内部的共同价值观和行为准则，进一步推动企业安全文化的深入发展。

3. 有助于促进企业和社会之间的和谐发展

安全生产是社会稳定和谐的重要保障，通过开展竞赛活动，可以加强企业与职工、企业与社会之间的沟通与联系，增进相互理解和信任。同时，企业也可以通过竞赛活动展示自身的安全生产成果和形象，提升企业的社会声誉和竞争力。

（1）提升企业的安全生产水平

"安康杯"竞赛活动提升企业的安全生产水平，降低安全事故的发生概率。这不仅有利于保障职工的生命安全和身体健康，也减少因安全事故给社会带来的负面影响。一个安全生产水平高的企业，更容易赢得社会的认可和尊重，进而树立良好的企业形象，为企业的可持续发展奠定坚实基础。

（2）提升多方沟通与联系的紧密度

"安康杯"竞赛活动促进企业与职工、企业与社会之间的沟通与联系。在竞赛过程中，企业和职工共同参与到安全生产的各个环节，增进相互理解和信任。同时，企业也通过竞赛活动向社会展示自身的安全生产成果和形象，增强社会的信任和支持。这种良性的互动和沟通，有助于构建企业与社会之间的和谐关系。

（3）符合社会对于安全生产和可持续发展的普遍期望

"安康杯"竞赛活动所倡导的安全理念和文化，也符合社会对于安全生产和可持续发展的普遍期望。通过这一活动，企业向社会传递积极的安全文化价值观，为构建和谐社会贡献力量。

4. 有助于贯彻落实国家安全生产方针政策

通过竞赛的形式，可以推动各级政府和企事业单位更加重视安全生产工作，加强安全生产管理和监督，提高安全生产水平。这不仅有利于维护国家的安全生产大局稳定，也有利于保障人民群众的生命财产安全和社会经济的持续健康发展。

（1）直接体现国家安全生产方针的核心内容

"安康杯"竞赛活动直接体现国家安全生产方针的核心内容。活动通过提高职工的安全意识和技能水平，确保人民生命财产安全，这与国家安全生产方针中强调的以人民为中心，将保护人民生命财产安全置于优先地位的原则高度一致。通过竞赛，企业和职工都能更加深入地理解和贯彻这一核心原则。

（2）推动预防为主、综合治理策略的实施

"安康杯"竞赛活动推动国家安全生产方针中预防为主、综合治理策略的实施。竞赛不仅注重安全知识的普及，更强调安全技能的提升和安全事故的预防。通过模拟演练、安全检查等方式，企业和职工可以更加有效地发现并消除安全隐患，提前预警和防止事故的发生，这正是国家安全生产方针所倡导的工作方式。

（3）促进国民经济持续健康发展水平目标的实现

"安康杯"竞赛活动也促进国家安全生产方针中提高国民经济持续健康发展水平目标的实现。通过竞赛，企业可以优化资源配置，提高生产效率和经济效益，实现安全生产和经济效益的双赢。这既符合国家安全生产方针的要求，也符合企业和社会发展的共同利益。

（4）使国家安全生产方针政策深入人心

"安康杯"竞赛活动通过广泛宣传和教育，使国家安全生产方针政策深入人心。竞赛过程中，企业和职工会接触到大量的安全生产知识和案例，从而更加深入地理解和接受国家安全生产方针政策。这种宣传和教育的方式，对于推动国家安全生产方针政策的贯彻落实具有重要意义。

综上所述，开展"安康杯"竞赛活动对于提升职工安全素质、推动企业安全文化建设、促进社会和谐发展以及贯彻落实国家安全生产方针政策都具有重要意义。因此，我们应该高度重视这一活动，积极参与其中，共同为营造安全稳定的生产环境贡献力量。

5. 有助于推动竞赛活动创新发展

要充分发挥竞赛活动在维护职工安全健康权益中的重要作用，通过竞赛活动，增强职工的安全意识、责任意识、应急处理和自我保护能力，更好地维护职工安全健康权益，进一步提升职工的安全感、获得感、幸福感。要以推进安全生产领域改革发展为契机，主动适应新时代对安全生产和职业病防治工作提出的新要求，围绕理论创新、制度创新、体制机制创新、科技创新和文化创新，不断推动竞赛活动创新发展。

（1）推动"安康杯"竞赛活动创新发展的基本要求

①注重职工参与。广大职工是竞赛活动的主体，他们的广泛参与是活动的重要基础和生命力所在。因此，要采取有效措施，切实把职工组织起来，积极参与到竞赛活动中。

②突出维护职能。竞赛活动应充分发挥在维护职工安全健康权益中的重要作用，通过活动，增强职工的安全意识、责任意识、应急处理和自我保护能力，进一步提升职工的安全感、获得感、幸福感。

③强化改革创新。以推进安全生产领域改革发展为契机，主动适应新时代对安全生产和职业病防治工作提出的新要求，不断推动竞赛活动创新发展。

④有效整合资源。加强统筹谋划，整合资源，主动协作，充分调动各方面的积极性，推动形成党政支持、工会主导、部门联动、企业运作、职工参与的工作格局。

（2）推动"安康杯"竞赛活动创新发展的活动形式

①安全文化宣传。充分利用文化阵地，开展"安康杯"专题宣传和安全文化宣传，将先进的安全生产理念、科学的安全管理方法和实用的安全操作技能送到车间、班组，积极营造浓厚的安全文化氛围。

②安全生产普法活动。结合"安全生产月"、《工会法》《安全生产法》《职业病防治法》宣传周活动，组织开展《安全生产法》知识竞赛答题活动，普及安全生产知识，确保安全生产持续稳定。

③安全教育培训。严格落实安全教育培训制度，教育和督促作业人员严格执行安全生产规章制度和安全操作规程，提高业务技能和遵章守纪的自觉性，增强安全防范意识。

总之，推动"安康杯"竞赛活动创新发展需要从多个方面入手，既要满足基本要求，又要注重活动形式的多样性和实效性，以确保活动能够真正取得实效，为企业的安全生产和职工的身心健康作出积极贡献。

全面动员和激活"安康杯"竞赛活动主体

1. 全国"安康杯"竞赛组委会竞赛活动主题要求

全国"安康杯"竞赛组委会竞赛活动的主题要求主要聚焦于提升职工的安全意识和技能水平，促进企业和社会之间的和谐发展以及贯彻落实国家安全生产方针政策。具体来说，竞赛活动的主题通常包括"掌握安全生产知识，争做遵章守纪职工""排查整治安全隐患、共促安全健康发展"等，旨在通过竞赛活动，引导广大职工深刻认识安全生产的重要性，自觉遵守安全生产规章制度，积极参与安全生产管理，共同营造安全稳定的工作环境。

（1）契合企业安全生产落实要求

强调安全生产的重要性，要求参赛单位全面落实安全生产责任制，加强安全生产管理，提高安全生产水平。通过竞赛活动，推动企事业单位建立健全安全生产规章制度，加强安全生产宣传教育，提高职工的安全意识和自我保护能力。

（2）契合职业病防治工作要求

关注职业病防治工作，要求参赛单位加强职业病危害因素的监测和控制，落实职业病防护措施，保护职工的身体健康。通过竞赛活动，推动企事业单位建立健全职业病防治体系，提高职业病防治意识和能力，降低职业病发病率。

（3）契合职工应急能力提升要求

注重提升职工的安全技能和应急处理能力，要求参赛职工掌握基本的安全知识和操作技能，能够在紧急情况下迅速、准确地采取应对措施。通过竞赛活动，提高职工的安全素质和应急处理能力，为企业的安全生产和职工的身心健康提供有力保障。

（4）鼓励竞赛主题与日常生产相结合

要求参赛单位将竞赛活动与日常安全生产工作相结合，通过竞赛活动促进安全生产的持续改进和提升。同时，注重竞赛活动的创新性和实效性，鼓励参赛单位结合实际开展具有针对性的竞赛项目，提高竞赛活动的吸引力和影响力。

（5）强化企业安全文化建设主题要求

竞赛活动强调加强企业安全文化建设，通过张贴、悬挂安全生产挂图，组织职工参加安全知识竞赛答题及安全健康文化宣传活动等方式，不断营造浓厚的安全生产氛围，提升职工的安全健康意识和应急处置能力。

总之，"安康杯"竞赛活动的主题要求主要围绕安全生产、职业病防治和职工健康保护展开，旨在通过竞赛的形式，推动企事业单位安全生产和职业病防治工作深入发展，提高职工的安全意识和技能水平，保障职工的生命安全和身体健康。

2. 地方工会规划设计好"安康杯"竞赛活动的重点内容

地方工会要精心组织竞赛组委会和参赛单位，科学制定切实可行的"安康杯"竞赛活动推进规划，着重围绕安全生产和职业病防治教育培训，提升职工安全技能和职业病防治水平；围绕企业安全健康文化建设，引导企业营造人人讲安全健康、事事重安全健康、处处保安全健康的安全生产环境；围绕隐患排查治理活动，构筑群防群治安全生产防线；强化职业健康文化建设，扎实开展职业病危害治理；围绕班组安全建设，引导企业进一步夯实安全生产和职业病防治基础；围绕推动落实企业全员安全生产和职业病防治责任制，建立"层层负责、人人有责、各负其责"的工作体系。通过竞赛活动，把安全生产和职业病防治的各项措施落实到每个岗位、每名职工，营造健康和谐的安全生产环境，形成"人人重安全和职业健康、人人懂安全和职业健康、人人抓安全和职业健康"的良好局面。

（1）明确活动的目标和宗旨

基层工会应深入理解"安康杯"竞赛活动的核心意义，即提高职工的安全意识、技能水平和管理能力，预防和减少安全生产事故的发生。在此基础上，制定具体的活动目标，如提升职工的安全操作技能、增强职工的安全责任感等。

（2）设计贴近实际、形式多样的竞赛项目

基层工会可以根据企业的行业特点、生产工艺和安全生产难点，设计贴近实际的竞赛项目。主要包括安全知识竞赛、安全操作技能比赛、安全应急演练等，以激发职工的参与热情，提升他们的安全素养。

（3）注重活动的宣传和教育

基层工会可以通过悬挂横幅、张贴标语、发放宣传资料等方式，广泛宣传"安康杯"竞赛活动的意义和目的，营造浓厚的安全文化氛围。此外，还可以组织安全知识讲座、安全培训等形式多样的活动，增强职工的安全意识和自我保护能力。

（4）强化活动的组织和管理

基层工会应成立专门的活动领导小组，明确各部门的职责和任务，确保活动的顺利进行。同时，要建立健全活动的考核评价机制，对参与活动的职工进行表彰和奖励，激励他们更加积极地参与到活动中来。

总之，基层工会在规划设计"安康杯"竞赛活动的重点内容时，应充分考虑企业的实际情况和职工的需求，确保活动既具有针对性又具有实效性，真正达到提升职工安全素养、促进企业安全生产的目的。

3. 企业工会精心谋划好"安康杯"竞赛活动的组织实施

（1）丰富竞赛形式和内容

各级竞赛组委会和参赛单位要围绕竞赛主题，进一步丰富和创新竞赛活动，做到既与时俱进又适应企业发展需要，既围绕大局又贴近实际，既体现行业特色又突出区域特点。要把"安康杯"竞赛与劳动和技能竞赛、工会劳动保护等工作有机融合，通过技术培训、技能比武、岗位练兵、应急演练等活动，全面提升职工安全防护和职业病防治的意识和技能，着力提高竞赛的质量和效果。要充分吸收职工的意见建议和需求，采取职工喜闻乐见的形式，将竞赛活动变为职工的自觉行动，鼓励并激发广大职工自觉学习安全生产和职业病防治知识，掌握自我防护和自救互救技能。

（2）扩大竞赛活动覆盖面

各级竞赛组委会要结合实际，继续推广城市、乡镇、街道、社区和工业园区试点经验，吸引更多企业和职工参与到竞赛活动中来，进一步扩大活动覆盖面。把煤矿、建筑、交通、石油、化工、电力等高危行业和非公中小企业以及设备、技术、工艺落后的企业作为重点领域，把一线职工、农民工、重体力劳动职工等群体作为重点对象。

（3）高度重视，精心组织

各级竞赛组委会要高度重视，加强对竞赛活动的组织领导，要按照全国竞赛组委会的要求，制定符合自身特点和实际的竞赛方案。要创新方式方法，不断完善竞赛机制，努力做到竞赛规划科学周详、竞赛方案符合实际、工作措施具体可行、督促检查坚强有力、激励机制健全有效。要结合各级工会和参赛单位自身实际，建立健全竞赛活动评选推荐机制，根据新的形势和任务，推动"安康杯"竞赛活动创新发展。

（4）加强监督，务求实效

各级竞赛组委会要加强对"安康杯"竞赛活动的监督，及时指导"安康杯"竞赛活动的开展，认真履行监督检查职责，根据竞赛考核标准对参赛单位进行检查、考核。把"安康杯"竞赛活动纳入各级政府安全生产责任制考核内容，推动竞赛活动与安全生产和职业病防治工作同部署、同推进、同落实。

4. 职工个体全力参与"安康杯"竞赛活动的技能培训

（1）职工参与"安康杯"竞赛活动的技能培训要求

①技能培训应紧密结合实际工作岗位的安全生产需求和职业病防治要求。主要包括针对具体岗位的安全操作规程、危险源辨识、事故应急处理等方面的培训，使职工能够熟练掌握本岗位的安全生产知识和技能。

②技能培训应强调理论与实践相结合。通过案例分析、模拟演练等形式，让职工在实际操作中掌握安全生产的要领和技巧，提高应对突发事件的能力。

③技能培训应注重培养职工的团队协作和沟通能力。在竞赛活动中，往往需要职工之间进行紧密协作，共同完成任务。因此，培训中应加入团队协作和沟通能力方面的内容，提高职工的整体协作水平。

④技能培训应关注职工的安全意识和职业素养的提升。通过培训，使职工充分认识到安全生产的重要性，自觉遵守安全生产规章制度，养成良好的职业习惯和行为规范。

⑤技能培训应关注职工喜闻乐见的培训方式的改进。在培训方式上，可以采用集中授课、现场教学、网络学习等多种形式，确保培训的针对性和实效性。同时，还应建立培训考核机制，对参加培训的职工进行考核评价，确保培训效果达到预期目标。

总之，职工参与"安康杯"竞赛活动的技能培训要求全面、系统、实用，旨在提高职工的安全生产技能和职业素养，为企业的安全生产和职工的身心健康保驾护航。

（2）职工参与"安康杯"竞赛活动的技能培训内容

①安全知识教育。主要内容通常包括工作场所的安全规章制度、安全操作规程、危险源辨识和风险评估等。通过培训，让职工了解如何在工作中识别潜在的安全风险，并采取相应的预防措施。

②健康管理技能。培训职工如何进行健康管理，包括建立健康档案、定

期体检、制订个人养生计划等方面的内容。通过培训，职工可以掌握有效的健康管理方法，提高生活质量。

③应急处理技能。培训职工在紧急情况下如何正确应对，包括火灾、事故、急救等突发事件的应急处理流程。职工将学习使用灭火器材、简单的急救措施等技能，以在紧急情况下保障自身和他人的安全。

④安全操作技能。针对职工所从事的具体工作，培训相应的安全操作技能，如机械设备的安全操作、电气设备的维护与使用、高处作业的安全防护等。这些技能将帮助职工在工作中避免因操作不当而导致的安全事故。

⑤个体防护技能。培训职工如何正确佩戴和使用个人防护用品，如安全帽、防护眼镜、手套、呼吸器等，以减少工作中可能受到的伤害。

需要注意的是，具体的技能培训内容可能会因行业、企业和工作岗位的不同而有所差异。因此，在实际组织"安康杯"竞赛活动的技能培训时，应根据实际情况制订具体的培训计划和内容。

第 3 章

"安康杯"竞赛活动的内容与要求

第3章 "安康杯"竞赛活动的内容与要求

 "安康杯"竞赛活动的主要内容

1. 制定"安康杯"竞赛活动推进规划

（1）动员部署

以习近平新时代中国特色社会主义思想为指导，深入贯彻落实习近平总书记关于安全生产重要论述，全面贯彻新发展理念，统筹发展和安全，坚持人民至上、生命至上。从督促生产经营单位落实安全生产主体责任和全员安全生产责任制，提高隐患整治排查能力，改善作业场所安全卫生环境，提高职工职业病防范意识和应对突发生产安全事故的能力的目标出发，将"安康杯"竞赛活动的着力点和落脚点放在职工群众上，抓住要害和关键环节，成立由中华全国总工会、应急管理部和国家卫生健康委员会组成的全国"安康杯"竞赛组委会，由其确定"安康杯"的竞赛主题。

在全国"安康杯"竞赛组委会统一部署和领导下，各级竞赛组委会和参赛单位要围绕竞赛主题，结合各单位安全生产管理的实际情况，制定切实可行、内容丰富的竞赛活动方案。充分发挥各级工会组织的作用，做好部署动员工作，充分调动社会资源，动员更多的企事业单位参与到竞赛中，扩大参赛单位参与范围，涵盖传统的工业、建筑业、军工、医疗卫生行业、学校、高新技术产业、服务业、文化创意产业等各个领域和行业，确保活动取得实效。加大竞赛活动的宣传力度，各单位竞赛领导小组要认真做好本单位职工的教育引导和组织发动工作，要及时组织职工召开动员会，利用宣传栏、板报、标语等扩大活动的舆论影响，使广大职工进一步了解"安康杯"竞赛活动的目的、意义、主题、目标和考核标准，调动广大职工积极参与竞赛的热情，增强职工参与竞赛的自觉性。将"安康杯"竞赛活动的参赛企业数、职工参赛率进行目标量化考核管理，推动竞赛活动在不同行业、不同所有制企业拓展，努力实现全覆盖。

（2）竞赛报名

参赛范围为各类生产经营单位。各参赛单位按照属地产业（行业）系统、企业联合会、协会组委会等隶属关系报名参赛，不得重复报名。各产业工会和区总工会要推动各级各类企事业单位积极参赛，并鼓励所属非公有制企业参加竞赛活动，扩大覆盖面。

（3）检查指导

"安康杯"竞赛工作点多、线长、面广，涉及的职能部门较多，为确保"安康杯"竞赛有序开展、取得实效，各竞赛组织单位组委会要经常深入基层了解竞赛活动开展情况，定期派专家指导组深入基层单位，加强调研和指导，及时总结经验，推动问题解决。各省（区、市）间、行业协会间可根据情况开展交流互查，全国"安康杯"竞赛组委办实时开展组织检查。

将竞赛内容纳入安全质量、安全教育考核范围，定期进行督查考核，协调解决竞赛活动中遇到的困难和问题，形成"上下结合、人人有责"的劳动保护监督机制和全员抓安全的工作局面，确保职业安全健康相关的法律法规落到实处。

（4）考核评选

全国"安康杯"竞赛组委会将按照《全国"安康杯"竞赛活动先进集体和优秀个人评选表彰管理办法（试行）》的要求，对全国"安康杯"竞赛活动先进集体和先进个人进行评选表彰。

各级竞赛组委会严格按照《全国"安康杯"竞赛活动先进集体和优秀个人评选表彰管理办法（试行）》制定相应的考核标准，秉承公平公正的原则，对各参赛单位进行检查与考核。同时，各级政府和行政部门要把"安康杯"竞赛工作纳入同级政府（行政）安全目标责任制年度考评的重要内容，列入主要考核项目,评优实行一票否决。

(5)宣传推广

全国"安康杯"竞赛组委办运用各种形式,及时宣传和推广优胜单位的先进经验。各级"安康杯"竞赛组委会要充分运用新媒体、报刊、网站等媒介,加强"安康杯"竞赛活动的宣传报道,不断扩大竞赛活动的社会影响力。

(6)公示表彰

为了持续推进全国"安康杯"竞赛活动的深入开展,充分调动广大企事业单位和职工参赛的积极性、主动性和创造性,对在"安康杯"竞赛活动中涌现出的先进集体和优秀个人予以表彰。评选、表彰和管理工作应规范化,秉承公开、公平、公正的原则,严格评选标准,严格推荐程序,确保优中选优。"安康杯"竞赛活动的评选、表彰和管理工作,各单位严格按照《全国"安康杯"竞赛活动先进集体和优秀个人评选表彰管理办法(试行)》的要求做好相关工作。

评选表彰工作应由全国"安康杯"竞赛组委会全面指导,并负责评选表彰名额的确定和评选结果的审定。竞赛组委会办公室承担评选表彰的组织实施、沟通协调等各项管理工作。各省、自治区、直辖市由相应领导机构负责本地区评选推荐工作。各全国产业工会、行业协会负责本产业、行业的评选推荐工作。

全国"安康杯"竞赛活动每两年评选表彰一次,共设置先进集体和优秀个人两个奖项。其中,先进集体包括优胜单位、优胜班组和优秀组织单位。名额分配和表彰名额根据各省、自治区、直辖市、各全国产业工会、行业协会的企事业参赛规模、职工参赛数量、行业地域差异、竞赛活动质量和效果等因素,经全国"安康杯"竞赛组委会成员单位研究确定。

全国"安康杯"竞赛活动先进集体和优秀个人的推荐对象应自下而上、层层选拔产生,评选工作严格执行"两审两公示"程序,即实行初审、复审及省级、产业工会、协会和全国两级公示。初审由省级"安康杯"竞赛组委会负责,复审由全国"安康杯"竞赛组委会成员单位组成的复审小组负责。

各级"安康杯"竞赛组委会要加强对竞赛活动的组织领导,及时将本地区、本系统所属单位开展"安康杯"竞赛活动的情况、主要经验、存在问题和意见建议反馈全国"安康杯"竞赛组委会办公室,信息报送情况将作为"安康杯"竞赛评比表彰的参考因素。

2. 组织职工技能教育培训

安全生产重在企业,重在生产一线,重在班组,重在职工。只有提高企业广大职工的安全生产意识和安全生产技能,才能增强事故防范能力。职工技能教育培训需注重深度和广度,深入挖掘教育培训主题和内容,打造培训特色主题;发挥互联网优势,搭建教育培训线上线下平台,实现职工培训全员覆盖,提升企业职工的职业技能和安全素质。

(1)制定职工技能教育培训制度

要对职工技能水平进行考核、评估,有针对性地制订培训计划,建立科学的管理程序。对培训对象进行全面考核、评估,作出培训需求分析,厘清队伍底数,找准弱点和切入点,明确职工技能短板。在此基础上有针对性地制订技能培训计划和实施方案。同时,为了确保培训效果,制定《技能操作考核标准》、实行持证上岗制度。

(2)深化培训内容,提高安全素质

职工的技能培训要注重安全思想教育、安全知识教育和职业技能教育有机结合。首先,注重安全思想教育。强化职工"预防为主,安全第一"的安全意识,强化安全法制教育及安全责任意识。其次,加强安全知识教育。定期对职工进行安全知识教育培训,使职工了解生产过程中存在的潜在风险隐患和相应的防范措施,增强职工的安全意识,提高职工的安全素质和安全技能,为职工参与企业的安全监督管理奠定理论基础。此外,严把职工职业技能水平关，严格把控持证上岗的职业要求，强化对各作业区、各班组的岗位技能教育，利用"以老带新、以熟带生、以优促新、互学共进"的管理模式，促进新职工快速掌握岗位技能，提高自身技术水平，促进企业的生产和安全稳步发展。

（3）打造特色教育平台，实现全面覆盖培训

各参赛单位结合自身实际情况，打造特色教育平台，创新教育培训形式。将安全操作技能、安全操作标准、职业安全与卫生知识等教育培训内容通过视频、动画等形式播放，提高职工的技能水平和安全操作标准。完善相应的教育培训考核标准和考核形式，结合安全知识竞赛、安全知识演讲等多种形式，检验培训教育的成果，充分调动全员参与的积极性，力促培训教育的形式多元化和立体化。此外，不断加大培训力度，对管理人员、班组长、安监人员进行全员安全轮训，实现职工技能教育培训全员覆盖。

（4）善用科技手段，升级教育培训

随着互联网和电子信息技术的快速发展，虚拟仿真和远程教育等新型教育模式逐渐兴起，充分发挥新型教育模式优势，通过虚拟仿真沉浸式体验安全实景，使职工能够沉浸式体会到各种安全事故带来的严重后果；创新开展"仿真培训"，利用先进的计算机信息技术开展模拟教学，以更为直观的方式使职工了解风险隐患和事故严重性，从而提高职工的安全意识和安全责任感。

3. 开展企业安全健康文化建设

安全文化是企业文化的重要组成部分，是企业安全管理的灵魂和精髓，具有潜移默化的示范效应和感染力，从价值取向、情感交融等角度激发职工的安全意识和责任担当。促使"我要安全""人人都是安全员"的安全观念深入人心。为使"安康杯"竞赛在企业中深入、高效地开展，推进企业安全生产和职业健康工作常态化、标准化，促进一线职工增强安全意识和技能，各企业单位应当积极探索丰富多彩、适合本单位实际的特色安全文化活动，

充分调动职工的积极性、主动性和创新性，使职工投入企业安全生产活动中。加强企业安全文化建设，应抓好以下几个方面：

（1）重视安全文化教育培训

发挥各级工会的组织优势，组织开展各级安全文化教育培训，涵盖安全知识培训、安全素质拓展训练、安全文化考核竞赛等内容丰富、形式多样的培训，以期提高职工的安全意识及对企业文化、企业精神的认同感。

（2）拓展安全文化推广阵地

各企业加强企业文化官方平台建设，充分发挥互联网、多媒体的即时性强、传播范围广等优势，打造企业安全文化特色平台，开辟安全文化宣传专栏，加强企业文化的实时动态推广，促进职工多角度、动态化地感受企业的安全文化特色。

（3）创新安全文化活动形式

结合各企业的实际情况，策划开展安全文化主题活动，涵盖警示标语、漫画、宣传册等较为经典的形式。同时，发挥短视频、微信公众号等新媒体的传播优势，制作富有创意、短小精悍的宣传小视频，激发职工阅读和转载的兴趣，促使企业的安全文化广泛、快速地传播。

4. 隐患排查治理

在各企业安全管理过程中，隐患排查治理影响企业的整体安全水平。通过开展隐患排查治理专项行动，全面排查治理风险隐患和薄弱环节，认真解决存在的突出问题，建立风险分级管控和隐患排查治理双重预防机制，提前预知风险和隐患，能有效防范和遏制事故的发生。

（1）科学识别安全风险隐患，建立隐患排查治理清单

加强教育培训，调研收集资料。一线岗位职工是安全风险辨识工作的主体，对于现场工作环境和仪器设备环境最熟悉，能够直接接触各类风险隐患。为确保企业工作人员能够全面、正确地辨识风险因素，应加强一线职工的安全风险辨识分析能力培训教育，通过开展分层次、分专业、多角度、全

覆盖的安全风险辨识培训教育和相关现场实操指导,切实提高职工风险辨识分析能力,使其能够在工作中快速准确地判断出存在的风险及应对的基本方法。同时,开展全面的调研和资料收集,涵盖安全生产法律法规、风险识别与管控方法和制度、各类危害因素的辨识及风险清单等重要资料,最终形成全面、具体、科学的风险辨识管控清单。

划分评估单元,明确评估方法。各企业依据工作场所的环境、场内装置设备、生产工艺等特点进行科学划分,形成不同的风险评估区域,有针对性地采用不同的风险识别与评估的方法进行科学评估,将风险点进行集中、系统的管理,确保安全风险评估工作全面系统地展开。

开展高效精准风险辨识,建立动态风险信息云图。组建专业评估小组,针对不同分区,采用适宜的风险识别与评估方法,展开精准定位、精细化评估工作。根据风险评估分级结果绘制"红橙黄蓝"四色安全风险动态化空间分布图,实施现场作业动态化风险管控,确定风险分级管控清单,明确隐患排查的主要内容,建立隐患排查治理清单。

(2)促进风险分级管控与隐患排查治理有机结合

风险分级管控是隐患排查治理的基础,科学、精准地识别风险隐患,形成风险分级管控清单,从源头上消除事故隐患或降低事故发生的可能性;隐患排查治理是风险分级管控的进一步强化与深入,从管理、技术、制度、标准、应急等方面全方位、多角度地进行隐患排查治理,查找风险分级管控措施中的遗漏、失效、缺陷等不足,验证风险分级管控措施的有效性、科学性、全面性,进而更新完善风险分级管控清单与措施,将风险分级管控与隐患排查治理有效地结合,形成隐患排查治理的闭环管控机制。

分类分级推进隐患排查治理。基于风险分级管控清单,分区分级制定相应的风险隐患治理管控措施,做到"一岗一清单",将隐患排查工作逐级分解,层层落实到车间、班组和岗位,实现全方位、全过程排查企业生产工艺、设备设施、作业环境、人员操作和管理机制等方面存在的风险与隐患,建立风险隐患排查台账，分类分级编制隐患分析报告。

构建隐患排查治理体系。制定隐患排查方案、成立检查小组、搭建风险分级管控与隐患排查治理双控信息平台，建立涵盖人、机、环、管的全方位、分区明确、层层落实的隐患排查治理机制，以专业科室为主导的隐患排查督导巡查机制、以职工为主导的隐患举报机制、以安全生产监督管理部门为主导的整改督办验收机制、奖惩明确的隐患考核机制。

强化全过程排查治理。落实整改措施，形成完整闭环管控机制。定期梳理隐患排查治理台账，编制隐患分析报告，深入剖析原因，更新完善风险隐患清单与管控措施，实现隐患的排查、记录分析、评估定级、治理整改、书面报告、消除记录等持续动态改进的闭环管控机制，全面落实整改责任和整改措施，将隐患排查治理工作落实到每一个环节、每一个岗位。

5. 开展班组安全建设

班组是企业的最基层组织，是安全管理的出发点和落脚点。在"安康杯"竞赛中以班组为主要阵地，打造竞赛平台、规范安全考核指标、完善奖惩机制、健全管理机制、塑造先进典型，在班组中形成良性的竞赛氛围，激发职工参与热情和巨大潜能，安全观念从"要我安全"的传统思想转变至"我要安全""人人都是安全员"的新观念，使班组安全管理工作获得强大动力。

因此，将"安康杯"竞赛的工作着力点置于班组上，使之有效地融入班组的安全建设中，深入生产一线，成为班组日常安全管理的重要内容，是"安康杯"竞赛实现基层全员参与、岗位责任明确、精细化管理的必然要求，对于发挥群防群控群治作用、提高广大职工的安全意识和安全生产技能、助推企业安全生产状况持续稳定好转具有重要作用和意义。

"安康杯"竞赛作为一项将管理、竞争、考核、激励机制融于一体、广泛应用于安全生产工作中的群众性竞赛活动，将其融入班组安全建设中，需要各级工会组织紧密结合企业实际，拓展思维，创新方法，以勇于探索实践的精神，统筹协调推进。

（1）探索融入机制，打造班组竞赛平台

"安康杯"作为一项群众性的竞赛活动，要将其融入企业班组日常管理中，融入每位职工的日常工作中，就必须调研梳理企业班组安全管理运行机制，深入挖掘探索"安康杯"竞赛融入机制，将融入机制与安全管理运行机制有效结合，打造班组竞赛平台，形成班组安全建设体系。

企业党政领导大力支持。各企业将"安康杯"竞赛融入班组安全建设，纳入企业的安全管理中，统筹规划，整体部署，将班组"安康杯"竞赛与安全管理工作同步规划、同步运行、同步考核。

形成科学的运行机制。从班组"安康杯"竞赛的针对性、科学性和实用性入手，针对班组的安全管理工作体系进行充分的前期调研，形成调研报告，在此基础之上，开展涵盖企业领导层、安全管理层、企业职工的专项研讨会，广泛征集意见，形成初步的班组安全竞赛平台建设方案。在班组设置试点运行，由领导层、安全管理层、基层职工形成三级监督网络体系，反馈监督试行效果及存在问题，完善班组竞赛体系及运行机制，形成组织机构健全、操作程序规范、考核标准明确、激励制度完善的"安康杯"竞赛制度和运行体系。

形成规范化制度。起草发布班组"安康杯"竞赛制度、规程、标准，促进"安康杯"竞赛活动的科学化、标准化、精细化发展。在班组安全建设中能够有章可循、有法可依，指导安全管理人员、企业职工更好地参与并融入班组安全建设中，激发班组成员的积极性，争做班组日常安全管理的安全员和监督员；推进班组安全建设的科学化、规范化，助力"安康杯"竞赛更好地融入企业班组的安全建设中，打造具有企业特色的班组竞赛平台。

强化日常管理，精心组织运行。以规范化的班组"安康杯"竞赛制度为标准，以规范操作行为、强化检查督促、推进安全整治为重点，以夯实班组安全基础为目标，强化竞赛的过程化管理，使竞赛成为班组安全管理、考核中不可或缺的内容和不可逾越的程序。同时，强化监督管理机制，形成多级监督体系，企业负责人、安全管理人员定期深入一线，开展检查指导、调研督导、奖惩表彰等活动，切实加强竞赛的过程化管理，不断扩大和提升"安康杯"竞赛的覆盖面和执行率，促进"安康杯"竞赛在企业基层落地生根，成为班组安全生产的保障平台。

（2）完善奖惩机制，激发职工参与热情

完善的奖惩机制是"安康杯"竞赛得以公平公正开展的前提和保证。各级竞赛组委会基于前期调研、讨论，结合实际情况，制定科学、规范、细化的"安康杯"竞赛考核标准，班组依据竞赛考核标准，要求各班组职工严格按照竞赛标准执行。

表彰先进，塑造典型。各级竞赛组委会依据考核标准对表现突出的单位、班组和个人予以奖励和表彰，同时，通过工作例会、媒体网络及时总结经验、宣传好的经验做法，激发职工、班组的参与热情，在良好的竞赛氛围中严抓班组安全建设。

惩治敷衍，警示教育。对于竞赛中存在态度消极、敷衍工作的职工应给予说服教育，拒不改正者应通报批评，并加以相应的经济处罚，造成事故或负面影响的，视严重程度进行通报批评，同时进行相应的经济处罚和行政处罚。

强化班组连带问责，激发职工集体意识。加大对竞赛中违规违章、态度消极等负面影响的惩治力度，强化竞赛过程中的连带问责制，将职工个人的不良行为与整个班组的评优考核直接挂钩，促进班组成员间的相互监督，形成良好的竞赛氛围，助力班组日常安全建设，确保班组竞赛活动在良性体制中健康发展。

（3）健全管理机制，建设安全班组队伍

"安康杯"竞赛是一项常态化开展的活动，涵盖范围广，打造一支安全意识强、责任意识强、协调能力强的高素质班组队伍，是确保"安康杯"竞赛有效融入班组安全建设的关键。

加强队伍建设，整合多方力量。将企业工会干部、安全管理人员、技术人员、基层职工纳入班组建设队伍中，形成横向全面覆盖的多层级兼职班组队伍。工会干部、安全管理人员发挥监督管理优势，推进班组安全检查与监督工作的进程；技术人员发挥自身技能优势，做好班组操作标准建设和职工技能培训与指导工作。各部门增强责任意识，发挥各自的优势，加强部门之间的交流合作，共同推动班组"安康杯"竞赛的管理目标稳步实现。

培养骨干力量，推选高素质班组长。加强班组骨干力量的培养和选配，推选"安康杯"竞赛的管理主心骨，确保"安康杯"竞赛在班组安全建设中有效推进。在班组中通过公开、公平、公正的竞选，推选出责任心强、安全意识高、群众基础好的高素质班组长、安全员及监督员，带领整个班组开展"安康杯"竞赛。

加强班组培训教育，发挥骨干带头作用。各企业的领导层需定期邀请专家对班组骨干成员开展安全培训和教育，并听取班组骨干成员的工作汇报，交流经验和总结问题，不断提高班组骨干成员的综合素质和安全管理能力。班组骨干需发挥带头作用，严格遵守各项安全规章制度，监督职工的安全操作行为，发挥"传、帮、带"的骨干作用，向职工传达上级安全指示精神，加强与职工之间的沟通交流，及时了解职工的思想动态，引导职工开动脑筋，组织征集安全合理化建议、争提安全整改提案等活动，促进职工安全素质不断提升、安全生产条件持续改善。

6. 宣传典型，示范引领

（1）注重发掘行业典型，打造安全典型示范

在各行业领域明确一批示范企业、树立一批先进个人，大力培养塑造、宣传弘扬"安康杯"竞赛活动的先进典型。各级组织要善于在日常工作中发现典型、在完成急难险重任务中发现典型、在解决复杂矛盾问题中发现典型、在职工群众评议中发现典型，努力选树一批立得住、叫得响、推得开、

学得来，具有群众性、代表性、旗帜性、时代性的安全生产先进集体、先进个人。对发现的先进典型，要持续做好跟踪培养工作，组织他们及时学习上级有关安全文件规定，参加有关安全技能培训，不断提高他们的综合素质和业务能力。

（2）宣传推广典型做法，发挥示范引领作用

各级组织要采取多种形式，广泛宣传推广安全典型的优秀做法，积极开展向安全典型学习活动，充分发挥安全典型的示范引领作用。要注重媒体网络的宣传，利用电视、报纸、网站、微信公众号等媒体平台，采取访谈、系列报道等多种形式，从不同角度、不同侧面开展集中宣传，努力形成全覆盖、立体式、网络化的典型宣传体系，真正让安全典型家喻户晓、人人皆知，成为大家学习的榜样。注重示范典型的警示教育意义，通过现场观摩会、座谈交流会、典型事迹报告会等形式进行宣传推广，在当地主流媒体大力宣传安全生产战线的先进做法、典型人物、工作成效。定期召开安全生产总结表彰会议，培育典型、推广经验、表彰先进，向职工群众讲述工作生活经历和心路历程，解答职工的疑问，与职工互动交流，提高教育的感染力和说服力，激发职工安全生产的热情和积极性，切实推动并引导竞赛活动科学、高效开展。

"安康杯"竞赛活动的考核要求

1. 组织领导要求

强有力的组织领导，是组织开展"安康杯"竞赛、提高竞赛实效的关键。各级领导应给予高度重视，明确竞赛目标、健全组织机构、制定实施方案、加大经费投入，全方位确保实效。形成全国"安康杯"竞赛组委会、地方政府"安康杯"竞赛组委会、企业单位"安康杯"竞赛组委会三级领导体

系；企业单位领导小组、二级单位领导小组、地方行政领导挂帅，企业单位负责人领导，车间分厂主任、班组长组织参赛的多级责任制。

（1）建立健全组织机构，筑牢竞赛组织基础

地方政府层面：县级以上成立的"安康杯"竞赛组委会必须有1名地方行政领导挂帅，依据全国"安康杯"竞赛组委会的指导精神和竞赛主题，制定和部署地方"安康杯"竞赛活动主题内容和实施方案。

企业单位层面：在"安康杯"竞赛活动中，企事业单位负责人亲自挂帅，形成以企业单位负责人为组长，副总经理、工会主席、安全生产分管领导为副组长，各职能部室主任为组员的领导小组，各部门组织策划开展活动，部门主要领导必须带头参加，组织职工参赛，保证人人参与。形成党委重视、行政统一管理、工会组织实施、职能部门各负其责、职工群众积极参与的领导体制和工作格局。

（2）周密部署，落实责任

各单位结合本单位实际，制定《"安康杯"竞赛活动方案》，在年度安全生产工作会上进行动员和部署，并与各单位签订安全生产责任状，要求各单位根据实际情况制定竞赛计划，各所属项目部根据计划制定具体实施方案，使竞赛活动做到有目标、有计划、有方案、有部署、有措施、有检查、有评比、有总结。

（3）完善体系，履职尽责

为确保"安康杯"竞赛活动有序推进、高效开展，需要筑牢"保障墙"，形成完善的监督机制。各单位形成从上到下监督检查委员会，形成"横到边、纵到底、全覆盖"的监督组织网络，确保每个环节不漏一人。

2. 组织开展安全生产法规培训教育要求

（1）加强顶层设计和领导

充分认识安全生产法规的学习、培训、宣传、教育的重要性和紧迫性，加强安全生产法规教育培训工作，是贯彻"安全第一、预防为主"方针，建

立安全生产长效机制的重要举措,是增强企业职工和广大人民群众的安全意识,提高安全素质,保障安全生产的重要途径。因此,要把安全生产法规的学习、培训、宣传和教育作为一项重要的基础工作和紧迫的战略任务,推进"安康杯"活动切实落实,本着教育为主的原则,加强顶层设计和领导,采取强有力的措施,各层级对职工开展适用的安全生产法律、法规、标准及其他要求培训教育,切实抓出成效,从而提高全体职工的素质和综合能力。

（2）落实安全教育常态化培训

贯彻"坚持安全第一、落实防治结合,推进人本管理、实行全员参与、完善制度措施、消除隐患事故,提倡科学发展、确保持续改进"的安全生产方针和"谁主管、谁负责"的安全生产管理原则,严格执行有关从业人员安全生产培训教育的法律、法规、条例等,加强从业人员的安全教育和培训工作,使之做到经常化、制度化。

（3）扩大安全教育覆盖面

保证安全生产法律法规学习、培训、教育及宣传的经费投入,各单位要编制年度培训计划,做到有计划、有内容、有记录、有效果,必须覆盖全员,特别要重点加强对新上岗人员、特殊工种人员、转岗人员的安全生产法规教育和培训。

（4）优化安全生产培训内容

安全生产法规的教育与培训计划由各级安全部门依据上级部门的规定,以《安全生产法》《生产经营单位安全培训规定》为基础,结合本单位实际和安全生产工作要点进行制定,具体包括培训方案、培训内容、培训对象、培训要求、培训考核制度等内容,并报上级有关部门进行审核,批准后实施。深入学习宣传习近平总书记关于安全生产的重要论述和党中央、国务院关于安全生产的重大决策部署。学习《安全生产法》《职业病防治法》《安全生产条例》等相关法律法规和政策。

（5）丰富宣传活动形式和内容

积极开展安全文化法规宣传活动，有针对性地制作安全生产法规挂图、宣传标语、安全法规培训资料，开展安全生产法规知识竞赛等安全文化活动。建设宣传教室或文化长廊，悬挂安全警示牌、提示卡，张贴安全宣传画、横幅、警示语等。

3. 班组安全建设要求

班组安全建设是班组建设的重要组成部分，班组的安全管理做得好，能够助力企业的安全生产管理。"安康杯"有效融入班组安全建设，是各单位安全工作健全管理机制、强化基础工作的内在需要，是企业班组增强自觉意识、规范操作行为的客观需要，是职工群众实现体面劳动、维护自身权益的切实需要。为推进"安康杯"更好融入班组的安全建设中，应以深化班组安全建设为目的，牢固树立班组岗位是第一道防线的安全理念，以争创安全生产优秀班组和班组长活动为载体，进一步落实班组安全生产责任制，健全班组安全管理制度，强化班组安全教育，加强班组现场安全管理，完善班组安全考核，及时发现、总结、推广先进班组安全管理经验，逐步实现班组安全管理标准化、规范化、制度化，全面提升班组安全生产工作水平。

（1）具备一个敢抓善管、技术过硬、重视安全的团队领导核心

班组长负责班组的日常生产管理工作，是安全生产的基层组织者和责任人。作为班组长，自身需有过硬的操作技能、强烈的安全意识及熟知安全生产知识。同时，班组长需要具备一定的组织领导能力，思想觉悟高，责任心强，能够团结同事。此外，班组安全员是做好班组安全工作的骨干，他们需协助班组长搞好安全管理和群众监督。因此，必须由能忠于职守、坚持原则、密切联系群众、热心劳动保护工作，并具有一定安全生产和工业卫生知识的职工担任。

（2）制定明确的安全生产目标

有目标才有努力前进的方向，班组自身要有实现安全生产的明确目标。

班组长在任职期间要实行目标责任制。在确立工作目标时，要有安全生产的内容，并按"生产无隐患、个人无违章、班组无事故"的要求，结合班组的具体情况，制定出实现"安全合格班组"标准的具体办法，深入开展争创"安全合格班组"等群众性活动。

（3）形成完善的班组管理体系

首先，应明确安全生产责任制度，班组每位职工应明确各自职责范围内的安全生产要求，推行安全操作责任制和安全联保制度。其次，应严格执行岗位巡查制度，职工要在自己岗位的管辖范围内，对生产设备的运转情况进行定时、定点检查，以便及时发现异常情况，采取措施消除隐患，排除故障，防止事故的发生。再次，应严格执行交接班制度，交接班人员必须面对面将生产、安全等情况交接清楚，切实把设备运转情况、工艺指标、异常现象及处理结果、存在问题、处理意见以及生产的原始记录、领导的生产指示、岗位的维修工具等都一一交接清楚。做到不清楚就不交班、不接班。防止交接班不清危及生产安全。最后，应注重班组成员操作技能提升，职工能够熟练地掌握正常生产的操作技能，防止因误操作而引起事故。注重开展事故应急演练，努力提高职工安全技术水平和事故应急处理能力。

（4）重视班组安全培训教育和宣传引导建设

重视安全教育工作。班组要充分认识到安全教育工作的重要性、紧迫性和艰巨性，必须做好思想观念的转变，牢固树立"安全第一，人人都是安全员，人人都是安全管理者"的思想理念，切实将安全隐患消除，保证企业的安全生产。

充分利用班组活动开展教育。班前班后会、班组安全日是班组管理和安全活动的重要内容，是进行安全培训的现场教学课堂，对于提高广大职工的安全意识具有重要的作用。充分利用班前班后会进行安全教育培训，及时总结经验教训，举一反三，发挥现场教学的优势，将安全教育融入日常工作中，在潜移默化中提高班组成员的安全意识和安全操作技能。加强现场实际教学，开展安全知识竞赛、安全技能竞赛等活动，提高职工的参与积极性，注重安全知识的应用能力训练。

加强安全教育宣传。通过班组日常教育、温情教育和警示教育等，广泛开展班组安全宣传教育活动，组织开展班组安全技能培训、安全生产合理化建议、安全管理优秀成果展示等班组安全文化活动，推动班组安全管理标准化、规范化和科学化。

4. 安全生产管理要求

（1）健全安全生产管理机构，落实岗位安全生产责任制

安全生产管理机构健全，有专、兼职安全人员并形成网络，安全生产管理有计划，安全工作有具体实施方案、有检查、有整改、有验收、有考核、有奖惩。建立健全各岗位安全生产责任制，职责应体现出"党政同责、一岗双责、齐抓共管"和"管行业必须管安全、管业务必须管安全、管生产经营必须管安全"的相关要求。

（2）强化安全制度建设，筑牢安全生产根基

建立健全劳动保护与安全生产规章制度是确保职工安全、维护企业稳定运行的重要措施。各企业结合自身实际情况，以《劳动法》《安全生产法》《职业病防治法》等基本法律为依据，制定详细的劳动保护和安全生产规章制度，包括事故隐患排查治理、劳动防护用品管理、危险作业管理、特种设备和特种作业人员管理、应急管理、安全教育培训等各项安全规章制度。建立一套完善的劳动保护与安全生产规章制度，为企业的稳定发展和职工的安全健康提供坚实的保障。

（3）制定安全操作规程，确保人员操作安全

制定安全操作规程是确保工作场所安全、预防事故发生的重要环节。各企业需制定岗位/工种安全操作规程，评审通过后发放和张贴到相关岗位。组织岗位作业人员进行培训教育，确保每个岗位作业人员能够熟练掌握并执行安全操作规程，经考核合格后方可上岗作业。此外，岗位设备操作、工艺

技术等发生变化时，应及时对原操作规程进行更新，以适应新技术、新工艺的发展需要。

（4）建立档案记录制度，促进安全工作有序开展

建立完善的安全生产档案记录是确保企业安全生产工作有序进行的重要环节。制定安全生产档案管理制度，确保档案的完整性和可靠性，包括签署的安全生产责任书、安全生产规章制度、安全生产教育培训记录、安全生产事故隐患台账、事故报告与处理记录、特种设备和特种作业人员台账、劳动防护用品发放记录、危险作业审批单、危险化学品领用记录、安全生产费用提取等档案管理。设置专门的安全生产档案管理人员，负责档案的管理与维护。此外，建立健全档案评估与监督机制，定期对档案管理工作进行评估与监督，确保档案管理工作科学有效地运行。

（5）健全应急管理体系，增强应急处置能力

按照《生产安全事故应急预案管理办法》和《生产经营单位生产安全事故应急预案编制导则》（GB/T29639—2020）相关要求，编制综合应急预案、专项应急预案和现场处置方案。每年进行一次综合预案或专项预案演练，每半年至少组织一次现场处置方案演练，演练结束要进行效果评估。

（6）配备维护安全设备设施，夯实安全硬件基础

个人劳动防护用品符合标准，配备齐全，并按规定严格检查。现场安全管理有序，安全装置齐全有效，设备完好率100%，设施运行良好，无明显隐患，特种设备检测合格，危险化学品管理规范，警示标识齐全等。安全出口和疏散通道畅通，消防设施完好有效，消防器材配备到位，有专人负责，并定期检查维护。

5.群众监督要求

（1）切实加强组织领导

各有关部门要把安全生产群众监督作为安全生产工作的重要内容，纳入安全生产总体部署，为广大群众开展安全生产监督工作创造良好条件。企事

业单位要把职工群众对安全生产的民主管理和民主监督摆在重要位置,在研究安全生产发展规划时,认真倾听广大职工群众的意见,坚持重大安全生产事项向职代会报告制度自觉接受职工群众监督。

(2)认真开展群众监督宣传

要面向社会公众、企业从业人员,经常化、制度化地广泛深入宣传安全生产法律法规、安全管理、应急救援及举报投诉知识。要从强化安全意识和安全行为入手加强对企业和作业场所职工、周边人民群众的专题宣传教育,做到会监督、敢监督和有能力监督。

(3)落实和健全群众举报制度

通过设置全国统一的"12350"安全生产举报电话,设立举报电子信箱、微博等方式,畅通社会公众和职工群众举报渠道。加强安全生产来信来访处理接待工作。认真开展舆情收集分析,主动发现举报信息。积极会同相关部门研究完善安全生产举报奖励办法,同时要采取有力措施保护举报人个人信息及人身安全,严防打击报复事件发生。

(4)拓宽安全生产信息公开渠道

建立安全信息沟通机制,确保职工反映问题渠道畅通。充分利用广播、电视、报纸、互联网等媒体,以及通过设立安全生产公告、公示栏和警示牌等途径,及时发布安全生产预警信息及防范知识。要不断畅通基层信息传递渠道,特别要加强矿区、农村等偏远地区预警信息接收终端建设,扩大信息发布范围,为增强群众监督效果创造条件。

(5)强化工会在"安康杯"竞赛中的监督检查作用

不断健全完善工会劳动保护监督检查组织网络,稳定监督检查队伍和人员,筑牢安全生产的群众防线。积极参与生产安全事故的调查处理,认真参与分析事故原因,追究事故责任,落实防范措施。积极反映和协调解决职工安全生产方面的合理要求、意见和建议,敢于监督、善于监督。

6. 事故控制要求

（1）控制伤亡事故及职业病危害指标

参赛单位应当努力使年度各项伤亡事故及职业病危害指标低于国家控制指标或低于相应行业制定的控制指标（对于煤炭行业）。对于其他行业，则要求无死亡事故发生。

（2）开展隐患排查治理

参赛单位应组织开展隐患排查治理活动，鼓励职工主动排查身边隐患，立足企业消除安全隐患，督促生产经营单位落实主体责任，建立参赛单位向负有安全生产监管职责的政府部门和本单位职代会报告重大隐患及治理情况的"双报告"制度，实现安全生产隐患排查治理的常态化、制度化、规范化。

（3）改善作业场所安全健康状况

①风险评估与控制。定期进行工作场所的风险评估，识别潜在的危害因素，并制定相应的控制措施以消除或减轻这些风险。

②优化工作场所布局。确保工作场所布局合理，有足够的空间供人员和物资流动，紧急出口和通道保持畅通无阻。

③安全设备设施配备与维护。如安全警示标志、紧急疏散设施、消防器材等。同时，为职工配备适当的个人防护装备，如安全帽、防护眼镜、耳塞、防护手套等，并确保职工正确使用。

④设备检查与维护。定期对所有设备和机械进行检查和维护，确保其处于良好工作状态，并符合安全标准。

（4）事故预防与应急准备

制定和实施事故预防措施，如定期检查设备、维护工作场所秩序等。同时，制定应急预案，针对事故和紧急情况进行模拟演练，确保职工能够迅速而有效地响应，提高职工应对突发事件的能力。

总之，"安康杯"竞赛活动旨在推动参赛单位加强安全生产管理，努力实现"三个提高",即提高管理者安全教育意识和管理水平;提高职工安全教育意识和自我防护能力,减少事故发生;提高职工的安全健康水平,营造良好的安全生产环境。

7. 组织宣传要求

(1)健全组织领导机制

各级竞赛组委会要高度重视,加强对"安康杯"活动的组织领导。企事业单位主要领导担任"安康杯"竞赛组委会主任,建立健全竞赛组织机构,以全国竞赛组委会的精神指示为依据,确定符合自身实际的竞赛主题,确保竞赛活动计划、部署、方案、组织、检查、评比、表彰、奖励等各个环节的顺利实施。

(2)强化安全健康思想引领

重视职工安全健康思想引领,通过"安全生产月"、《职业病防治法》宣传周等活动,广泛开展安全宣传教育活动,引领广大职工提高安全健康思想意识。通过随手拍、"吹哨人"等日常活动开展隐患排查治理,提高职工的参与积极性和主动性,增强职工的安全意识和安全技能。

(3)广泛动员企业职工参与

各级工会要加强对"安康杯"竞赛活动的组织和指导,引导各参赛单位结合自身实际,将"安康杯"竞赛活动有机融入各企业安全生产活动中,与安全生产活动同规划、同部署、同落实,制定切实可行的竞赛实施方案,加大组织宣传力度,动员更多企业和职工参与到竞赛活动中,扩大竞赛活动的参与范围和社会影响力。

(4)加强活动宣传报道

各级"安康杯"竞赛组委会要围绕"安康杯"竞赛主题,结合自身实际情况,深入总结提炼近年来"安康杯"竞赛活动的经验做法,注重挖掘竞赛活动中涌现出的先进事迹及人物,对活动成效突出的单位和个人要予以表彰奖励,进行宣传报道,提炼竞赛活动的闪光点和创新点,营造良好氛围。要及时收集信息和图片、视频等资料,展示广大职工参与竞赛活动成果,充分运用新媒体、报刊、网站等媒介,加强竞赛活动的宣传报道,不断扩大竞赛活动的社会影响力,推动"安康杯"竞赛活动广泛深入开展。

总之,通过组织宣传,"安康杯"竞赛活动旨在提升各单位的安全生产管理水平,增强职工的安全意识和应急处置能力,营造全社会关注安全生产的良好氛围,从而有效防范和遏制安全生产事故的发生。

第 4 章

"安康杯"竞赛活动的规划与准备

第4章 "安康杯"竞赛活动的规划与准备

一 "安康杯"竞赛活动方案制定要点

1."安康杯"竞赛活动的准备

首先,加强领导,建立完善竞赛组织体系。各级竞赛领导小组要努力做到"六个坚持":一是坚持根据本单位的安全生产工作实际,制定切实可行的竞赛实施方案;二是坚持把"安康杯"竞赛同企业日常的安全管理工作融为一体;三是坚持树立科学的安全生产效益观、正确的安全生产政绩观;四是坚持牢固树立群众观念,充分调动广大职工群众的安全生产积极性;五是坚持形成定期例会制度,确保竞赛和安全生产常抓不懈;六是坚持在不同时期、面对不同生产任务,针对安全生产工作的不同重点提出不同的竞赛要求,确保竞赛活动越抓越实。

其次,加强培训教育,不断提高职工职业安全健康素质。安全教育培训要注意四种教育的有机结合:一是思想教育,解决工作态度和对安全生产的认识问题;二是安全知识的教育,使职工了解生产过程中潜在的危险因素和防范措施,即解决"知"的问题;三是安全技能训练的教育,掌握和提高熟练程度,即解决"会"的问题;四是职业安全卫生权利意识教育,引导职工以理性合法的方式表达利益诉求。

再次,强化督促指导,建立激励机制。各级竞赛领导小组应经常深入基层了解竞赛活动的开展情况,对工作实行分类指导。采取自查、抽查、互查等方式,加大对竞赛的监督检查力度,及时掌握竞赛的进展情况。重视应用现代化信息手段,加强横向及纵向间的信息沟通、传递,优化竞赛活动的运行模式。结合竞赛实际,不断加大表彰力度,力争将"安康杯"竞赛纳入企业生产经营业绩考核，同布置、同落实、同检查、同考核。加大竞赛典型的培养力度，及时选树样板，使"安康杯"竞赛学有榜样、赶有目标。

最后，强化工会在"安康杯"竞赛中的监督检查作用。工会要认真做好以下几个方面工作：一是要把"安康杯"活动与创建"工人先锋号"活动、劳动关系和谐单位创建活动、职工素质提升工程等各类活动紧密结合，形成合力，优势互补，相得益彰。二是要积极地反映和协调解决职工安全生产方面的合理要求、意见和建议，敢于监督、善于监督。三是要充分利用平等协商集体合同和职工代表大会监督制约机制，指导职工与用人单位签订好劳动合同。四是要发挥群众性的优势，开展丰富多彩的宣传教育活动，把安全生产的意识深深植根于全体职工头脑中。五是要不断健全完善工会劳动保护监督检查组织网络、稳定监督检查队伍和人员，筑牢安全生产的群众防线。六是要积极参与生产安全事故的调查处理，认真参与分析事故原因，追究事故责任，落实防范措施。

2. "安康杯"竞赛活动的目标

"安康杯"竞赛活动旨在提升全民的安全生产意识，强化企事业单位的安全生产工作，推进安全文化建设以及提高职工的安全生产知识和技能水平。

活动通过严谨的竞赛机制，稳重地引导公众关注安全生产，理性地审视安全管理的重要性，并以官方的态度强调安全生产的核心地位。

首先，活动聚焦于提高全民的安全生产意识。通过竞赛的形式，普及安全生产知识，增强公众对安全生产的认知，以减少安全事故的发生，保障人民的生命财产安全。

其次，活动致力于推动企事业单位加强安全生产工作。鼓励企业建立健全的安全管理体系，提高职工的安全意识和技能，确保生产过程中的安全稳定，为企业的可持续发展提供坚实保障。

此外，活动还重视安全文化的建设。通过竞赛活动，引导企事业单位形成独特的安全文化，使安全生产成为全员参与的共同责任，营造全员关注、全员参与的安全生产氛围。

最后，活动关注职工安全生产知识和技能的提升。通过竞赛的激励机制，激发职工学习安全生产知识的热情，提高职工的安全生产能力和应急处理能力，确保职工在面对安全风险时能够迅速、准确地采取应对措施。

综上所述，"安康杯"竞赛活动以严谨、稳重、理性的态度，通过官方的方式推动全民安全生产意识的提升，强化企事业单位的安全生产工作，加强安全文化建设，提高职工的安全生产知识和技能水平，为实现安全生产的长远目标作出积极贡献。

3."安康杯"竞赛主题的设计

"安康杯"竞赛主题设计是一项严谨、稳重、理性的工作，旨在通过一系列精心策划的活动，强化职工对个人安全与健康重要性的认识，提升职工的安全意识和健康水平，从而推动企业的稳定发展，为企业和社会的和谐发展作出积极贡献。这一主题设计不仅彰显了企业对于职工福祉的高度关注，同时也体现了企业对于社会责任的积极承担。

在主题设计过程中，要严格遵循"安康"的核心理念。安全是企业生产与发展的基石，健康则是职工追求幸福生活的基本前提。因此，要通过"安康杯"竞赛，促使每一位职工都能深刻领会安全与健康的重要性，并在实际工作中积极践行。

在竞赛内容的设置上，要坚持将理论知识与实际操作相结合的原则。通过举办安全知识讲座、安全技能培训等活动，帮助职工全面掌握基本的安全知识和技能。同时，还应特别安排健康检查、心理咨询等环节，以便职工能够及时了解自身的身体状况，关注心理健康。这些举措旨在提升职工的安全意识和健康水平，为企业持续、稳定的发展提供坚实保障。

在竞赛形式设计上，要注重创新性与实用性的结合。通过设计富有挑战性的游戏、竞赛和趣味问答等环节，激发职工积极参与的热情。这种寓教于乐的方式不仅能够帮助职工在轻松愉快的氛围中掌握安全知识，还能有效促进职工之间的沟通与协作。

此外，还应特别注重将"安康杯"竞赛与企业文化相融合。通过竞赛活动，充分展示企业对于安全生产的重视以及对职工健康的关爱。这种文化的传承与弘扬有助于企业树立良好的社会形象，增强职工对企业的认同感和归属感，增强职工之间的团结与协作精神，为企业的稳定发展奠定坚实基础。

4."安康杯"竞赛活动的动员

"安康杯"竞赛活动是以行之有效的竞赛形式来推动劳动保护工作，调动和激发基层职工参与安全生产管理的积极性和主动性。因此，要不断丰富内涵，切实增强竞赛的实效性，在动员过程中，实现以下几个转变。

（1）向"智力型"转变

人才就是资源。企业的转型发展需要一支知识型、技能型、创新型的职工队伍，这就为"安康杯"竞赛向"智力型"转变提出了必然要求。在"安康杯"竞赛动员过程中，要努力营造尊重知识、尊重人才、尊重创造的氛围，激励职工由"要我安全"向"我要安全"转变，促进职工提升安全意识、安全技能和劳动保护意识、劳动保护能力，引导职工在工作中找出提升安全水平、减少职业危害的新方法、新工艺、新途径。

（2）向"健康型"转变

健康是基础。建设生态型企业，打造安全环保健康的工作环境成为现代职工追求的目标。"安康杯"竞赛是有效维护职工群众生命健康权益的重要载体，也是实现职工"与环保同行"、提高"幸福生活指数"的重要途径。因此，"安康杯"竞赛活动动员和竞赛过程中应加大节能减排、安全环保、职业病危害因素等方面的竞赛力度，提倡节能环保、开源节流、低碳生活，合理使用能源、提高能源效率，坚决执行环境污染、安全事故等一票否决制，推动职工工作环境持续改善。

（3）向"防护型"转变

保证职工健康，预防是关键。职业病防治工作是"安康杯"竞赛的重要内容。"安康杯"竞赛要未雨绸缪，发挥源头参与作用，积极推动各级工会组织参与劳动保护、安全生产等制度制定，及时与行政部门签订集体合同和劳动安全卫生专项集体合同。大力开展职业病防治工作专项行动和职业病防治宣传教育活动，加大职业病检测、防护、防治力度。发挥心理疏导优势，把安全心理学、安全生理学引入安全文化建设之中，引导职工自觉参与安全生产的监督管理，不断提高职工的自我防范意识。

（4）向"创新型"转变

创新是企业发展的不竭动力。新时期"安康杯"竞赛必须着眼创新，充分利用"班组学习实验室""劳模创新工作室""高技能人才创新工作室"等载体，通过定期评选、总结表彰、命名激励等措施，鼓励职工以提安全合理化建议、展示安全技术创新成果先进操作法等形式，深入开展群众性安全创新活动，不断提升设备的本质安全化水平和安全效能。

（5）向"效益型"转变

安全就是效益。"安康杯"竞赛必须紧紧围绕提高效益这一中心，在提高安全水平、保障职工安全和提升安全生产效率、效益上下功夫。通过"安康杯"竞赛培养职工形成健康向上的安全文化理念，牢固树立与企业高度一致的安全观、生产观和效益观，把安全生产变成每一名职工的自觉行动，切实贯彻"健康的效益才是真正的效益"的理念。

5."安康杯"竞赛活动的形式

要不断丰富"安康杯"竞赛活动形式。"安康杯"竞赛活动要紧紧围绕提高企业经营管理者安全生产意识和管理水平，提高广大职工安全生产素质和自我防护能力这两个环节，不断改进和创新竞赛活动形式。"安康杯"竞赛活动的形式具体来说要做到五个结合。

一是与企业安全生产工作相结合。各级工会加强与安环等有关部门的配合,提高对开展安全生产活动重要性和必要性的认识。利用各种宣传教育阵地,组织开展多种形式的安全宣传教育活动,并积极督促和配合相关部门,采取多种形式加强职工的安全培训,特别是新进人员岗前培训工作,努力提高职工安全意识和安全技能。使广大职工在学习—竞赛—实践—提高的过程中树立起安全生产理念,形成人人重安全、个个讲安全、处处保安全的氛围。

二是与职工安全生产知识培训教育活动相结合。把职工安全生产知识培训工作作为开展"安康杯"竞赛活动的一项重要工作来抓。开展以"珍惜生命、保障安康"为主题的群众性安全生产知识宣传系列活动。同时,针对不同行业安全生产特点,编写不同的行业教材,并把职工安全生产知识培训工作列入企业的安全生产责任书中,作为考核的一项重要内容。

三是与企业安全文化建设相结合。企业安全文化是沉淀于企业及其职工心灵中的安全意识形态。如安全思维方式、安全行为准则、安全道德观、安全美学观、安全价值观,它是企业职工对安全问题的个人响应与情感认同。一个优秀的企业,必有其优秀的企业安全文化。要广泛吸引广大职工参加企业安全文化教育活动,营造"人人讲安全、事事讲安全、时时讲安全"的良好企业安全文化氛围。

四是与工会劳动保护工作相结合。"安康杯"竞赛活动为工会劳动保护工作提供了一个履行职责、发挥作用的舞台,是工会参与民主监督、民主管理的重要内容,是工会劳动保护工作的重要品牌,也是落实"切实维权"工作的重要载体。各级工会组织要充分利用这个舞台,发挥工会劳动保护、群众监督的优势,发挥职工在安全生产、劳动保护工作中的主人翁作用,确保企业安全生产。企业工会要从源头上把好劳动安全卫生关,防止产生新的职业危害源,为职工提供符合安全卫生条件的生产作业环境,严格按照劳动保护"三个条例"的规定监督检查。

五是与群众性经济技术创新工程相结合。把"安康杯"竞赛与群众性经济技术创新工程中的职工教育、合理化建议、发明创造、重点工程竞赛、技术比赛、安全知识竞赛等结合起来,并在活动的评比表彰中坚持安全生产一票否决制。

6. "安康杯"竞赛活动的宣传

"安康杯"竞赛活动的宣传关键是努力营造"安康杯"竞赛活动氛围。营造竞赛活动氛围是提高"安康杯"竞赛工作认识的前提,因此工会要加强与安环等有关部门的联系,将安全宣传工作日常化,营造加强安全生产的舆论环境,巩固上年开展"安全生产"等活动成果。宣传工作应从五个方面下功夫:

一是功夫下在广大职工上。牢固树立"职工是企业安全文化建设的土壤"这一理念,始终把广大职工作为企业安全文化建设的主体,引导广大职工踊跃参与实践,逐渐形成自觉提高安全素养的氛围和环境。

二是功夫下在长远建设上。尊重文化形成的客观规律,消除急功近利的思想,改变以短期突击性活动代替长远建设的行为,遵循循序渐进的原则,把安全文化建设作为一项系统工程,一步一个脚印地做好培育、倡导、形成的各项具体工作。

三是功夫下在融入思想上。将安全文化融入企业总体文化建设和各项工作之中,在企业的总体理念、形象识别、工作目标与规划、岗位责任制制定、生产过程控制及监督反馈等各个方面、各个环节融入安全文化的内容,时时、处处、事事体现安全文化。

四是功夫下在综合行为上。要充分认识到职工受教育的程度、知识水平的高低、业务能力的强弱等基础文化素质在企业安全文化建设中的制约作用,把企业安全文化的宣传教育与职工基础教育和技能培训紧密结合,在职工提高综合知识水平与业务技能的同时提高安全素养。

五是功夫下在企业特点上。从本单位工作实际、职工岗位实际出发,加强安全文化的倡导、学习、普及,得到本企业广大职工的认可,培育创造出具有企业鲜明个性、适应本企业发展的安全文化。

7. "安康杯"竞赛活动的举办

"安康杯"竞赛活动的举办必须坚持以人为本、科学管理，强化竞赛主题，深化竞赛内容，贴近企业、贴近职工、贴近实际，才能不断增强竞赛的吸引力、凝聚力和创造力。

（1）找准竞赛的切入点

紧紧围绕安全生产任务目标，积极开展职工喜闻乐见的"安康杯"竞赛活动。以班组建设为载体，利用工前五分钟、每日一题、安全演讲比赛、轮值安全员等方式，提高职工的安全意识和防护技能；以"工人先锋号"创建为契机，激励职工围绕安全标准化建设，争创一流业绩、一流团队；以岗位安全练兵、安全技术比武为手段，促进职工练技能、学技术、提素质；以劳动模范、安全标兵评选为抓手，引导职工在安全生产实践工作中建功立业。

（2）加强竞赛过程管理

通过征求意见、检查考核和总结表彰等方式，抓好竞赛的事前、事中和事后控制。坚持以安全生产任务目标为竞赛目标，以企业安全生产"急难险重"问题为主攻方向，细化竞赛内容，科学设置竞赛指标，并把竞赛活动纳入企业的绩效考核之中，与其他工作同部署、同检查、同落实；对涉及生命安全和职业健康的职业病防护、事故隐患治理、职业病危害源点排查、防暑降温等关键重要指标，要加大考核比重，突出"安康杯"竞赛维护职工安全与健康的本质特点；扎实开展安全风险源辨识和安全隐患排查治理等活动，切实提升企业安全本质化水平；认真组织劳动保护督察、群众性安全生产监督和群众性安全创新等活动，调动职工参与安全生产管理的积极性。

（3）注重竞赛效果

竞赛过程应保证公平、公正、公开，通过调研指导、检查督促、责任考核、总结表彰等措施，保证竞赛结果实现企业认可、职工信服的目标；竞赛奖励应坚持物质奖励和精神激励相结合，通过召开总结表彰会推广经验做法等方式,让获奖者有荣耀;通过给予物质奖励、晋升技能等级等方式,让获奖者得实惠;通过冠名表彰、颁发荣誉证书等方式,让获奖者在更深层次上体现价值,使其深切体会到自己的"成就感"和"荣誉感",达到表彰一个、带动一片的激励效果。

8."安康杯"竞赛活动的总结

"安康杯"竞赛活动总结不仅是一次深入细致的反思过程,更是一项严谨、系统的管理工作,它在企业安全生产工作中发挥着至关重要的作用。活动总结不仅是对过去一段时间内的活动进行梳理,更是对未来安全生产工作的有力指引。其重要性具体体现在以下几个方面:

(1)安全意识得到全面强化

通过详细而全面的总结,企业能够清晰地掌握职工在"安康杯"竞赛活动中的实际表现以及他们对安全理念的理解和接受程度。这种深入的反馈机制使得企业可以更加有针对性地进行安全教育培训,从而进一步强化全员的安全意识。当职工深刻认识到安全生产与个人利益、企业稳定发展的紧密关系时,他们将更加自觉地遵守安全规章制度,减少事故的发生。

(2)经验交流促进整体提升

在总结过程中,企业内部各部门、各岗位有机会相互分享在"安康杯"竞赛活动中积累的经验和做法。这种跨部门的经验交流不仅有助于形成一套更加完善、高效的安全生产方法体系,还能够促进职工之间的相互学习、相互启发。通过借鉴他人的成功经验,各部门可以更快地找到适合自己的安全生产路径,从而提升企业的整体安全生产水平。

(3)培训效果得到客观评估

"安康杯"竞赛活动总结使得企业能够对职工在活动中的表现进行客观、全面的评估。通过量化分析职工在安全知识、技能和意识方面的提升情况,企业可以更加准确地了解培训的效果,进而对后续的安全培训计划进行有针对性的调整。这种基于实际效果的培训评估机制有助于企业提高培训投入的效益，确保每一分投入都能转化为职工实际的安全生产能力。

（4）活动方案持续优化完善

通过对"安康杯"竞赛活动的总结，企业能够及时发现活动中存在的问题和不足。这些问题和不足可能涉及活动内容、组织形式、参与人员等多个方面。通过对这些问题的深入分析和研究，企业可以对活动方案进行持续优化和完善。这种持续改进的态度和做法有助于确保"安康杯"活动始终保持高度的针对性和实效性，从而更好地服务于企业的安全生产工作。

（5）安全文化逐步深入人心

持续、系统的"安康杯"竞赛活动总结不仅有助于企业在职工中塑造一种关注安全、重视安全的文化氛围，还能够通过这种文化氛围的熏陶和影响，使职工更加深刻地认识到安全生产的重要性。当安全文化成为企业的一种核心价值观和行为准则时，职工将更加自觉地遵守安全规章制度、积极参与安全生产活动，从而为企业的稳定发展提供有力保障。

综上所述，"安康杯"竞赛活动总结在企业安全生产工作中发挥着至关重要的作用。因此，企业应高度重视"安康杯"竞赛活动总结工作，投入足够的精力和资源确保其严谨、稳重、理性地进行。只有这样，才能充分发挥"安康杯"活动总结的重要作用，为企业的安全生产工作提供有力支持。

二 "安康杯"竞赛活动知识准备要点

1. 企业安全管理基本常识

企业安全管理的核心在于构建稳健的安全管理体系，确保所有部门与职工明确自身在安全管理中的职责与权限。此体系应包括安全政策、目标设定、组织结构规划、沟通渠道建立等关键要素，为企业安全管理提供明确指导。

（1）安全政策与制度

企业安全管理的首要任务是制定完善的安全政策与制度。这包括明确的安全目标、方针和措施以及为达到这些目标而设立的各类安全管理制度。安全政策与制度需要得到企业高层领导的重视和支持，以确保其有效执行。

（2）风险识别与评估

风险识别与评估是企业安全管理的重要环节。通过对企业生产过程、设备设施、人员操作等方面进行全面分析，识别出可能存在的安全风险，并对这些风险进行评估，确定其发生的概率和可能造成的危害程度，从而采取相应的预防措施。

（3）安全生产责任制

建立健全的安全生产责任制是企业安全管理的基础。要明确各级领导、管理人员和岗位职工在安全生产中的职责和权限，确保安全生产的各项工作得到有效落实。同时，要建立健全的安全生产考核机制，对安全生产工作进行考核和评价，以推动安全生产的持续改进。

（4）安全教育培训

安全教育培训是提高职工安全意识和技能的重要手段。企业要定期开展安全教育培训活动，包括新职工入职培训、岗位安全操作规程培训、特种作业人员培训等，确保职工具备必要的安全知识和技能，能够正确应对各种安全风险。

（5）安全设施与装备

安全设施与装备是企业安全生产的重要保障。企业要根据生产工艺和设备特点，合理配置安全设施与装备，如防护栏、安全网、消防器材等。同时，要加强对安全设施与装备的维护和保养，确保其处于良好状态，有效发挥防护作用。

（6）应急管理与预案

制定完善的应急预案并进行定期演练是企业应对突发事件的重要手段。

企业要根据可能发生的各类突发事件，制定相应的应急预案，明确应急处置流程、责任分工和应急资源等。同时，要定期开展应急演练活动，提高职工的应急反应能力和处置能力。

（7）事故调查与处理

事故调查与处理是企业安全管理的重要环节。一旦发生事故，企业要立即启动应急预案，组织力量进行救援和处理。同时，要对事故进行全面调查，查明事故原因和责任，制定相应的整改措施，防止类似事故再次发生。

（8）安全绩效考核

安全绩效考核是企业安全管理的重要手段。通过对各级领导、管理人员和岗位职工在安全生产工作中的表现进行考核和评价，激励职工积极参与安全生产工作，推动安全管理的持续改进。同时，要将安全绩效考核结果与安全奖惩机制相结合，对表现优秀的职工给予奖励和表彰，对存在问题的职工进行相应的处理和整改。

总之，企业安全管理涉及多个方面和环节，需要企业全面加强安全管理工作，确保企业的生产安全和稳定发展。

2. 工会劳动保护监督重点内容

（1）法规条例制定参与

工会作为劳动者的代表，应积极参与企业安全生产相关的法规条例的制定与修订过程。这不仅有助于确保法规条例的合理性和公正性，还能确保劳动者的权益得到充分保障。工会应关注法规条例中的劳动保护条款，提出建设性意见和建议，确保劳动者的安全和健康得到法律的有效保护。

（2）劳动保护措施落实

工会应对企业内部劳动保护措施的落实情况进行监督。这包括个人防护用品的发放与使用、安全设施的设置与维护、工作场所的安全卫生状况等。工会应定期检查这些措施的落实情况，发现问题及时提出并督促整改，确保劳动者的安全和健康不受威胁。

（3）安全生产检查监督

工会应参与企业的安全生产检查活动，对企业的安全生产管理进行全面监督。这包括对生产设备的安全性能、操作规程的执行情况、作业环境的安全状况等进行检查。工会应督促企业对检查中发现的问题进行整改，并跟踪整改情况，确保问题得到彻底解决。

（4）劳动条件改善推进

工会应积极推进劳动条件的改善，为企业职工创造更好的工作环境。工会应关注工作场所的通风、照明、温度等环境因素以及劳动强度的合理安排等问题。工会可以通过与企业协商、提出改进建议等方式，推动劳动条件的逐步改善，提高劳动者的工作满意度和幸福感。

（5）伤亡事故调查处理

在发生伤亡事故时，工会应积极参与事故的调查和处理工作。工会应关注事故的原因分析、责任追究和整改措施的落实等方面。工会应督促企业按照"四不放过"原则（事故原因未查清不放过、责任人员未处理不放过、整改措施未落实不放过、有关人员未受到教育不放过）进行处理，确保事故的教训得到深刻反思和防范措施的落实。

（6）职业危害问题处理

工会应关注劳动者在工作过程中可能遭受的职业危害问题，如尘肺病、职业中毒等。工会应督促企业建立健全的职业危害防治制度，为劳动者提供必要的防护用品和定期检查服务。同时，工会应积极参与职业危害事故的调查和处理工作，维护劳动者的合法权益。

（7）女职工特殊保护

工会应特别关注女职工的特殊保护问题。这包括女职工在孕期、产期、哺乳期等特殊时期的保护措施以及女职工在工作中可能遭受的性别歧视和性骚扰等问题。工会应推动企业建立健全的女职工特殊保护制度，确保女职工在工作中的安全和健康得到充分保障。

（8）劳动保护资金监督

工会应对企业劳动保护资金的使用情况进行监督。这包括劳动保护设施的建设与维护、安全培训和教育等方面的资金投入。工会应确保这些资金得到合理、有效的使用，防止资金被挪用或滥用。同时，工会应推动企业建立劳动保护资金使用监督机制，使劳动者的权益得到充分保障。

3. 班组安全建设主要方法

（1）安全教育培训

安全教育培训是班组安全建设的基础。通过定期的安全培训，提高班组成员的安全意识和安全操作技能。培训内容应涵盖安全知识、操作规程、危险源识别与应对等。同时，应鼓励班组成员积极参与安全知识竞赛、安全经验分享等活动，形成人人关注安全、人人参与安全的良好氛围。

（2）安全规章制度

建立健全的安全规章制度是班组安全建设的重要保障。这些规章制度应包括安全生产责任制、安全操作规程、安全检查制度等。班组成员应严格遵守这些规章制度，确保生产过程中的安全。同时，班组长应定期组织对规章制度的学习和考核，确保规章制度得到有效执行。

（3）安全设施保障

安全设施保障是班组安全建设的重要手段。班组应确保各类安全设施完备、有效，如防护栏、安全警示标识、消防器材等。同时，班组成员应熟悉各类安全设施的使用方法，确保在紧急情况下能够正确使用。此外，班组长应定期对安全设施进行检查和维护，确保其处于良好状态。

（4）安全生产责任制

明确的安全生产责任制是班组安全建设的关键。班组成员应明确各自的安全生产职责，做到责任到人、任务到岗。同时，班组长应定期组织对安全生产责任制的落实情况进行检查和考核，确保责任制得到有效执行。

（5）安全监督检查

安全监督检查是确保班组安全生产的重要手段。班组长应定期组织对班组内的安全生产情况进行监督检查，发现问题及时整改。同时，班组成员也应积极参与安全监督检查工作，相互监督、相互提醒，共同维护班组的安全生产秩序。

（6）危险源辨识与管理

危险源辨识与管理是班组安全建设的重要环节。班组成员应熟悉工作场所的危险源分布情况，掌握危险源的性质和危害程度。同时，班组长应定期组织对危险源进行辨识和评估，制定相应的管理措施和应急预案，确保危险源得到有效控制。

（7）应急预案演练

应急预案演练是提高班组应对突发事件能力的重要手段。班组长应定期组织班组成员进行应急预案演练活动，提高班组成员在紧急情况下的应对能力和自救互救能力。同时，应根据演练情况对预案进行修订和完善，确保其针对性和可操作性。

（8）安全文化培育

安全文化培育是班组安全建设的长期任务。班组长应注重培养班组成员的安全意识、安全行为习惯和安全价值观等安全文化元素。通过组织安全知识竞赛、安全经验分享、安全文化建设等活动，形成积极向上的安全文化氛围，提高班组成员的安全素养和整体安全水平。

综上所述，班组安全建设是一个系统工程，需要班组成员共同努力、持续改进。通过加强安全教育培训、完善安全规章制度、保障安全设施、明确安全生产责任制、强化安全监督检查、做好危险源辨识与管理、开展应急预案演练以及培育安全文化等措施的有效实施，可以不断提升班组的安全生产能力和水平，确保生产过程中的安全稳定。

4. 个人劳动防护用品基本常识

（1）头部防护用品

头部防护用品用于保护头部免受伤害，如坠落物、碰撞、电击等。常见的头部防护用品有安全帽、工作帽等。选择时应确保尺寸合适、佩戴舒适，且符合安全标准。

（2）面部防护用品

面部防护用品用于保护脸部免受飞溅物、尘埃、有害气体等侵害。常见的面部防护用品有面罩、防护眼镜等。使用时应注意贴合紧密、视野清晰。

（3）耳部防护用品

耳部防护用品用于减少噪声对听力的损害。常见的耳部防护用品有耳塞、耳罩等。应根据工作环境噪声大小、持续时间等因素进行选择。

（4）眼部防护用品

眼部防护用品用于保护眼睛免受飞溅物、粉尘、化学物质等伤害。常见的眼部防护用品有防护眼镜、护目镜等。使用时应确保镜片清晰、佩戴舒适。

（5）呼吸道防护用品

呼吸道防护用品用于减少吸入空气中的粉尘、有害气体等。常见的呼吸道防护用品有口罩、呼吸器等。应根据工作环境中的有害物质种类和浓度进行选择。

（6）手部防护用品

手部防护用品用于保护手部免受割伤、烫伤、化学腐蚀等伤害。常见的手部防护用品有手套、手袖等。应根据工作性质、接触物质等因素进行选择。

（7）足部防护用品

足部防护用品用于保护脚部免受坠落物、锐物刺伤、化学腐蚀等伤害。常见的足部防护用品有安全鞋、工作靴等。选择时应确保尺码合适、鞋底防滑耐磨。

(8) 身体防护服装

身体防护服装用于保护身体免受尘埃、有毒物质、酸碱等侵害。常见的身体防护服装有防护服、工作服等。应根据工作环境中的危害因素进行选择，并确保服装合身、舒适。

(9) 特殊环境防护用品

特殊环境防护用品指针对特定工作环境设计的防护用品，如高温环境下的防火服、低温环境下的保温服等。应根据具体工作环境进行选择。

(10) 个人防护装备

个人防护装备是综合多种防护用品的组合，用于提供全面的个人防护。例如，工作人员在接触有害物质时可能需要同时佩戴防护眼镜、手套、口罩等多种防护用品。选择个人防护装备时应根据具体工作环境和工作任务进行综合考虑。

总之，穿戴个人劳动防护用品是保障工作人员安全的重要措施。在选择和使用时，应根据具体工作环境和工作任务进行选择，确保佩戴正确、使用有效。同时，还应定期进行检查和维护，确保其处于良好的使用状态。

5.女职工劳动保护基本常识

(1) 孕期保护规定

对怀孕7个月以上的女职工，不得安排其延长工作时间和夜班劳动。女职工在怀孕期间，所在单位不得安排其从事国家规定的第三级、第四级体力劳动强度的劳动和孕期禁忌从事的劳动，不得在正常劳动日以外延长劳动时间；对不能胜任原劳动的，应当根据医务部门的证明，予以减轻劳动量或者安排其他劳动。怀孕女职工在劳动时间内进行产前检查，所需时间计入劳动时间。

(2) 哺乳期权益

有不满1周岁婴儿的女职工，其所在单位应当在每班劳动时间内给予其两次哺乳（含人工喂养）时间，每次30分钟。多胞胎生育的，每多哺乳一个婴儿，每次哺乳时间增加30分钟。女职工每班劳动时间内的两次哺乳时间，可以合并使用。哺乳时间和在本单位内哺乳往返途中的时间，算作劳动时间。女职工在哺乳期内，所在单位不得安排其从事国家规定的第三级、第四级体力劳动强度的劳动和哺乳期禁忌从事的劳动，不得延长其劳动时间，一般不得安排其从事夜班劳动。

（3）经期特殊照顾

女职工在经期禁忌从事的劳动范围：冷水作业分级标准中规定的第二级、第三级、第四级冷水作业；低温作业分级标准中规定的第二级、第三级、第四级低温作业；体力劳动强度分级标准中规定的第三级、第四级体力劳动强度的作业；高处作业分级标准中规定的第三级、第四级高处作业。

（4）禁止重体力劳动

女职工禁忌从事的劳动范围包括矿山井下作业；《体力劳动强度分级》标准中第四级体力劳动强度的作业；建筑业脚手架的组装和拆除作业以及电力、电信行业的高处架线作业；连续负重（指每小时负重次数在6次以上）每次负重超过20千克，间断负重每次负重超过25千克的作业。

（5）健康检查与监测

对准备从事某种有害作业的女职工，必须进行岗前健康检查，有职业禁忌的，不得安排其从事该项作业。在岗接触有害作业的女职工应定期进行健康检查，有职业禁忌的，必须调离原岗位。女职工孕期、哺乳期健康检查按国家和地方有关规定执行。

（6）工作场所安全

女职工劳动场所应设置安全卫生设施，配备符合规定的个人防护用品。女职工劳动场所的卫生条件、安全设施应符合国家规定标准。女职工劳动场所应建立健全安全卫生制度，严格执行国家劳动安全卫生规程和标准。

（7）防护用品配备

女职工在劳动时间内必须按规定穿戴好劳动防护用品。女职工防护用品应根据其所在岗位的职业危害因素及危害程度进行配置。女职工劳动防护用品必须符合国家标准，不得使用不合格或超过使用期限的劳动防护用品。

（8）职业病防治

女职工享有职业病防治的权利。用人单位应定期对女职工进行职业病检查，发现职业病及时进行治疗和康复。对患职业病的女职工，应按照国家有关规定，给予相应的治疗和赔偿。

6.消防与交通安全管理基本知识

（1）消防基础知识

火源控制：了解并控制火源，防止火源与易燃物品接触。常见的火源有明火、电气火花、摩擦火花等。可燃物管理：合理存放和处理可燃物品，减少火灾发生的可能性。火灾扩散途径：了解火灾是如何通过热传导、热对流和热辐射扩散的，有助于采取有效的防控措施。

（2）消防器材使用

灭火器：熟悉不同类型的灭火器及其适用范围，如干粉、泡沫、二氧化碳等。消防栓与消防水带：了解如何正确操作消防栓，使用消防水带进行灭火。火灾报警器与灭火器：知道如何安装和使用火灾报警器以及火灾发生时如何迅速报警。

（3）火灾预防与应对

预防措施：定期检查电气设备、易燃物品存放等，及时发现并消除火灾隐患。应急预案：制定火灾应急预案，组织职工进行演练，确保在火灾发生时能迅速、有效地应对。

（4）交通规则与安全行车

交通规则：了解并遵守交通法规，如红灯停、直行左转、慢行让行等。安全行车：保持车速在限速范围内，保持安全车距，避免疲劳驾驶和酒后驾驶。

（5）车辆安全检测

定期检测：对车辆进行定期的安全检测，包括刹车系统、轮胎磨损、灯光等。应急设备：确保车辆配备有效的应急设备，如灭火器、急救包、安全锤等。

（6）驾驶人员资质

驾驶证：确保驾驶人员持有有效的驾驶证，并符合所驾车型的资格要求。培训与考核：定期对驾驶人员进行安全培训和考核，提高其安全意识和驾驶技能。

（7）交通事故处理

现场处理：发生交通事故时，应立即停车、保护现场、救助伤员，并报警等待交警处理。责任认定与赔偿：根据交警的事故责任认定，依法进行赔偿和处理。

（8）紧急救援措施

急救知识：了解基本的急救知识，如心肺复苏、止血包扎等，以便在紧急情况下进行自救和互救。紧急疏散：在火灾、地震等紧急情况下，知道如何迅速疏散到安全地带。

综上所述，消防与交通安全管理是保障人民生命财产安全的重要组成部分。我们每个人都应该增强消防安全意识，遵守交通规则，掌握基本的消防和交通安全知识，为创建安全、和谐的社会环境贡献自己的力量。

三 "安康杯"竞赛活动技能训练要点

1. 专项技术培训

"安康杯"竞赛活动旨在提高企业职工的安全意识和技术水平，促进企业的安全生产。作为企业，参与这一竞赛不仅是对职工安全负责，也是提升企业核心竞争力的重要途径。因此，专项技术培训在竞赛中扮演着至关重要的角色。

（1）安全文化与意识培养

首先，企业要重视安全文化的建设，让职工充分认识到安全是生产的前提和基础。通过举办安全知识讲座、安全文化周等活动，普及安全知识，提高职工的安全意识。同时，要明确安全生产的责任和义务，确保每个职工都能自觉遵守安全规章制度。

（2）技能培训与实际操作

针对企业的生产特点和岗位需求，开展专项技能培训。培训内容包括但不限于机械操作、电气安全、化学品处理、消防安全等。通过理论讲解、案例分析、实践操作等形式，使职工掌握正确的操作方法和应对突发情况的技能。同时，要注重培训的实效性和针对性，确保职工能够学以致用。

（3）事故预防与应急处置

企业要重视事故预防和应急处置能力的培养。通过开展模拟演练、应急演练等活动，提高职工在突发情况下的应对能力。同时，要建立完善的事故预防和应急处置，明确各部门和职工的职责与协同方式，确保在事故发生时能够迅速、有效地应对。

（4）团队协作与沟通能力

在安全生产过程中，团队协作和沟通能力至关重要。企业要通过培训和实践锻炼，提高职工的团队协作意识和沟通能力。通过团队建设活动、沟通技巧培训等方式，使职工能够更好地与同事协作，共同应对生产过程中的安全问题。

（5）法律法规与标准遵循

企业必须严格遵守国家和地方的法律法规以及行业标准，确保安全生产符合规范要求。通过培训，使职工了解相关法律法规和标准的具体内容，明确企业的安全生产责任和义务。同时，要加强对法律法规和标准的执行力度，确保企业在安全生产方面做到合规合法。

（6）持续改进与创新

安全生产是一个持续改进的过程。企业要建立完善的反馈机制，鼓励职工提出改进意见和创新想法。通过不断优化生产流程、更新安全设备和技术，提高企业的安全生产水平。同时，要加强与其他企业的交流与合作，学习借鉴先进的安全管理经验和技术成果，推动企业的持续发展和创新。

（7）激励机制与绩效评估

为确保培训效果，企业需要建立相应的激励机制和绩效评估体系。对于在安全生产和技术培训中表现突出的职工，应给予相应的奖励和晋升机会。同时，定期对职工的技能水平和安全意识进行评估，及时发现问题并采取相应的改进措施。

2. 技能比武与岗位练兵

"安康杯"竞赛活动中的技能比武与岗位练兵，是提升企业职工实际操作能力和安全素养的重要手段。通过这些活动，企业不仅能够发现和选拔优秀人才，还能增强职工间的团队协作意识，促进安全生产。以下从企业角度出发，简要阐述"安康杯"竞赛活动中技能比武与岗位练兵的要点：

（1）明确比武与练兵目的

企业应首先明确技能比武与岗位练兵的目的，这包括提高职工的安全操作技能、强化安全意识和培养团队协作精神。通过比武和练兵，企业可以检验职工对安全知识的掌握程度，发现操作中的不足，进而制定针对性的改进措施。

（2）制定比武与练兵方案

企业应结合生产实际和岗位特点，制定详细的技能比武与岗位练兵方案。这包括确定比武项目、练兵内容、时间安排和评判标准等。同时，要明确各部门的职责和任务分工，确保活动顺利进行。

（3）组织实施与监管

在开展技能比武与岗位练兵活动时，企业要注重组织实施和监管。首先，要确保活动场地、设备和人员的安全。其次，要严格按照方案进行活动，确保活动的公平、公正和公开。同时，要加强对活动过程的监管，及时纠正不规范操作，确保活动的有效性和安全性。

（4）评价与反馈

活动结束后，企业要及时对技能比武与岗位练兵的结果进行评价和反馈。通过评价，可以发现职工的优点和不足，为后续的培训和提升提供依据。同时，要建立反馈机制，鼓励职工提出改进意见和建议，以便企业不断完善比武与练兵的内容和方式。

（5）激励机制与奖励措施

为激发职工参与技能比武与岗位练兵的积极性，企业应建立相应的激励机制和奖励措施。对于在比武中取得优异成绩的职工，应给予物质奖励和荣誉证书等表彰；对于在练兵中表现突出的职工，可提供晋升机会和培训资源等支持。通过激励机制和奖励措施，可以营造积极向上的学习氛围，推动职工不断提升自身技能水平。

（6）持续改进与创新

技能比武与岗位练兵是一个持续改进的过程。企业应根据活动的实际效果和职工的反馈意见，不断优化比武项目和练兵内容，提高活动的针对性和实效性。同时，要鼓励职工创新思维和操作方法，通过分享经验、交流学习等方式，共同提高安全生产水平。

（7）强化团队建设与协作精神

技能比武与岗位练兵不仅是个人技能的提升过程，也是团队建设与协作精神的培养过程。企业应注重培养职工的团队意识和协作精神，通过团队比赛、合作项目等方式，增强职工间的沟通与协作能力。同时，要强调安全生产的团队协作重要性，使职工在比武与练兵中共同提升安全操作技能和安全意识。

3. 消防应急演练

"安康杯"竞赛活动消防应急演练旨在提高全体职工的消防安全意识，熟悉和掌握应急疏散、火灾扑救以及救援处置的基本流程和操作方法。通过模拟真实的火灾场景，检验企业的消防安全管理水平，发现并改进可能存在的安全隐患，确保在真正的火灾事故发生时能够迅速、有效地进行应急处置，最大限度地保障人员的生命财产安全。

（1）演练前准备事项

编制详细的演练计划，明确演练的时间、地点、参与人员及各自职责。对演练场地进行安全检查，确保演练过程中不发生其他安全事故。准备必要的消防器材和装备，包括灭火器、消防栓、应急照明等。对参与人员进行预先培训，使其了解演练流程和安全注意事项。

（2）火灾场景设定

结合企业实际情况，设定火灾发生的地点、火势大小、蔓延速度等场景参数。确保火灾场景设定既能考验职工的应急反应能力，又不至于造成不必要的恐慌和混乱。

（3）应急疏散流程

听到火灾报警后，职工应迅速按照预定的疏散路线撤离至安全区域。疏散过程中要保持冷静，不拥挤、不推搡，确保疏散过程有序进行。到达安全区域后，职工应迅速清点人数，确保所有人员都已安全撤离。

（4）灭火器使用教学

在演练过程中，安排专业人员对灭火器的使用方法进行现场教学，包括灭火器的选择、操作步骤及注意事项等。确保职工在紧急情况下能够正确、有效地使用灭火器进行火灾扑救。

（5）消防器材检查

演练期间应对企业内部的消防器材进行全面检查，包括灭火器的有效期、消防栓的完好性等。发现问题应及时处理，确保消防器材在关键时刻能够发挥应有的作用。

（6）紧急救援模拟

模拟火灾事故中的紧急救援环节，包括受伤人员的现场救治、消防队伍的协调配合等。通过模拟演练，检验企业的紧急救援能力和团队协作水平。

（7）演练总结与反思

演练结束后，组织参与人员进行总结与反思，总结演练过程中的成功经验和不足之处，提出改进措施和建议。同时，对表现优秀的个人和团队进行表彰和奖励，激励全体职工继续提高消防安全意识和应急处理能力。

总之，通过"安康杯"竞赛活动消防应急演练，能够进一步提升企业职工的消防安全意识和应急处理能力，确保在真实的火灾事故发生时能够迅速、有效地进行应急处置，最大限度地保障人员的生命财产安全。同时，也期望通过本次演练，能够发现并改进企业在消防安全管理方面存在的不足，提升企业的整体安全水平。

4. 竞赛程序演练

（1）竞赛准备

竞赛准备是竞赛流程演练的首要环节。在此阶段，需要明确竞赛的目标、任务及要求，确保所有参赛人员了解竞赛的基本信息和流程。同时，还需要对竞赛场地、设备、工具等进行检查和准备，确保其符合竞赛要求，并在必要时进行调试和维护。此外，参赛人员还应进行必要的体能训练和心理调适，为即将到来的竞赛做好充分准备。

（2）规则解读

规则解读是竞赛流程演练中的重要环节。参赛人员需要全面、准确地理解竞赛规则，明确各环节的评分标准和要求。通过规则解读，参赛人员可以更加清晰地了解竞赛的流程和要点，为后续的流程模拟和技术操作打下坚实基础。

（3）流程模拟

流程模拟是竞赛流程演练中的核心环节。在此阶段，参赛人员需要按照竞赛规则的要求，模拟整个竞赛流程。通过流程模拟，参赛人员可以熟悉竞赛的各个环节，提前发现可能存在的问题和不足，为后续的改进和提升提供依据。

（4）时间管理

时间管理是竞赛流程演练中不可忽视的一环。参赛人员需要合理安排时间，确保在有限的时间内完成竞赛任务。在时间管理中，参赛人员还需要考虑到可能出现的意外情况和风险，制定相应的应对措施，确保竞赛顺利进行。

（5）团队协作

团队协作是竞赛流程演练中的关键要素。在竞赛中，参赛人员需要相互协作、密切配合，共同完成竞赛任务。通过团队协作，可以充分发挥各自的优势和特长，提高整体竞争力。在团队协作中，还需要注重沟通和协调，确保信息的畅通和决策的准确。

（6）问题应对

问题应对是竞赛流程演练中的重要环节。在竞赛中，可能会遇到各种问题和挑战，如设备故障、时间紧张等。参赛人员需要冷静应对、及时处理，确保竞赛顺利进行。在问题应对中，参赛人员还需要注重总结和反思，以便在后续的竞赛中更好地应对类似问题和挑战。

（7）技术操作

技术操作是竞赛流程演练的核心环节。参赛人员需要掌握相关的技术和操作方法，确保在竞赛中能够准确、高效地完成任务。在技术操作中，还需要注重规范和安全，避免因操作不当而导致的安全事故或违规行为。

（8）结果反馈

结果反馈是竞赛流程演练的最后一环。在竞赛结束后，需要对参赛人员的表现进行评价和反馈。通过结果反馈，参赛人员可以了解自己的优势和不足，为后续的改进和提升提供依据。同时，还可以通过结果反馈来激励和鼓舞参赛人员的士气和信心，为未来的竞赛做好充分准备。

第 5 章
"安康杯"竞赛活动的组织与运作

一 科学搭建组织机构

1. 班组"安康杯"竞赛活动小组

（1）构建原则

在构建班组"安康杯"竞赛活动小组时，为了确保活动的科学性、有效性和持久性，需要遵循以下核心原则。

①目标导向原则。明确竞赛活动的目标，确保所有活动、规则和流程都围绕这一目标展开，从而有效地提升职工的安全意识和技能水平。

②全员参与原则。鼓励班组内全体职工积极参与，形成"人人关注安全、人人参与竞赛"的良好氛围，使竞赛活动成为职工提升自身安全素质和操作技能的重要平台。

③公平公正原则。制定公开、透明的竞赛规则和评判标准，确保竞赛过程的公平、公正，增强职工的参与信心和归属感。

④注重实效原则。确保竞赛活动与班组的实际生产活动紧密结合，通过竞赛解决实际问题，提升安全生产水平。

⑤持续改进原则。对竞赛活动进行持续跟踪和评估，总结经验教训，不断改进和优化竞赛内容和形式，使其始终保持活力和吸引力。

⑥激励与约束原则。建立合理的激励机制，对表现优秀的职工给予奖励和认可，同时建立约束机制，确保竞赛活动的规范性和有序性。

（2）小组人员构成

构建一个科学合理的班组"安康杯"竞赛活动小组，其人员构成也应符合活动的需求和目标。通常小组应包括以下几类人员。

①组长。负责整个竞赛活动的组织、策划和协调工作,确保活动顺利进行。组长应具备较高的安全意识和组织管理能力,能够有效地推动竞赛活动的开展。

②副组长。协助组长开展工作,负责具体执行和监督检查,确保活动按计划进行。副组长应具备一定的安全管理经验和执行力。

③成员。成员主要由班组的普通职工组成,他们是竞赛活动的主要参与者。成员应具备相应的安全知识和操作技能,通过竞赛活动提升自身的安全素质和技能水平。

④裁判/评委。负责竞赛活动的评判工作,确保评分的公平、公正。裁判/评委应具备专业的安全知识和技能,能够准确地评判职工的表现。

⑤工作人员。负责竞赛活动的日常管理和服务工作,如场地布置、物资准备、宣传推广等。工作人员应具备一定的组织协调能力和服务意识。

2. 企业"安康杯"竞赛组委会

(1) 构建原则

在构建企业"安康杯"竞赛活动组委会时,为了确保活动的科学性、有序性和高效性,需要遵循以下核心原则:

①目标导向原则。明确竞赛活动的总体目标和具体任务,确保组委会的所有工作都紧密围绕这些目标展开,确保活动与企业的安全生产战略和文化建设相一致。

②层级管理原则。建立清晰的组织架构和层级管理体系,明确各级职责和权力,确保活动能够高效、有序地进行。

③协同合作原则。强化组委会内部各部门、各成员之间的沟通与协作,形成合力,共同推动竞赛活动的顺利进行。

④专业性与代表性原则。确保组委会成员具备相关的专业知识和经验,同时能够代表企业的不同部门和层级,确保活动的广泛参与和深入影响。

⑤公平公正原则。在活动策划、组织、执行和评判等各个环节,都要确

保公平、公正、公开，维护竞赛活动的权威性和公信力。

⑥创新发展原则。鼓励组委会成员创新思维，不断探索竞赛活动的新形式、新内容，使活动始终保持活力和吸引力。

（2）小组人员构成

为了构建一个高效的企业"安康杯"竞赛活动组委会，其人员构成应综合考虑活动的规模、企业的组织架构以及资源的分配等因素。通常组委会应包括以下几类人员：

①主任。负责整个组委会的领导工作，全面规划、组织、协调和监督竞赛活动的进行。主任应具备较高的战略眼光和组织协调能力。

②副主任。协助主任开展工作，负责具体的执行和监督工作，确保活动按计划进行。副主任应具备丰富的管理经验和执行能力。

③秘书处。负责组委会的日常事务和文件管理工作，包括会议组织、文件起草、资料整理等。秘书处应设置秘书长和秘书若干名。

④竞赛部。负责竞赛活动的具体策划、组织和执行工作，包括制定竞赛规则、安排赛程、组织评审等。竞赛部应设置部长和竞赛工作人员若干名。

⑤宣传部。负责竞赛活动的宣传和推广工作，包括制定宣传方案、制作宣传材料、组织媒体报道等。宣传部应设置部长和宣传工作人员若干名。

⑥保障部。负责竞赛活动的场地、设备、物资等后勤保障工作，确保活动的顺利进行。保障部应设置部长和后勤保障人员若干名。

⑦专家顾问团。邀请相关领域的专家学者组成顾问团，为竞赛活动提供专业的指导和建议。专家顾问团成员应具备丰富的专业知识和实践经验。

通过以上构建原则和人员构成，可以科学构建企业"安康杯"竞赛活动组委会，确保活动能够高效、有序地开展并取得预期成效。同时，也为企业的安全生产和健康管理工作提供有力的支持和保障。

策划组织竞赛流程

1. 班组"安康杯"竞赛组织简易流程

（1）宣传班组"安康杯"竞赛活动方案

一般而言，班组"安康杯"竞赛活动主要是执行上级的竞赛规划或方案（自行组织的劳动竞赛除外），在进一步细化上级方案的基础上组织实施。在竞赛项目或主题的选择、方案的设计、时间的安排与规划上，做好宣传发动，应尽可能地让全体班组成员都能参与，在广泛的参与中相互学习并提升技术水平，增进团队合作精神，营造和谐氛围，激发职工的潜能，促进班组及企业的发展。

（2）细化班组"安康杯"竞赛活动方案

在实施班组劳动竞赛方案时，要严密细致地做好各项组织工作，进一步细化竞赛方案与实施措施。在工作内容与流程的设计上应考虑得更周全、具体，操作性更强，以便组织者与广大参赛人员在实际工作中有所遵循，增强活动的效果。

（3）组织班组"安康杯"竞赛活动观摩

竞赛要紧紧围绕企业的中心工作任务，结合班组实际，有的放矢地开展竞赛活动，不能图形式、走过场，单纯为了竞赛而竞赛，为了完成任务而敷衍了事。在竞赛过程中，应组织适当的观摩表演，把竞赛过程变成职工整体素质提高的过程，变成职工相互学习进步的过程，形成相互切磋、共同提高的良好氛围。

（4）表彰班组"安康杯"竞赛先进

对竞赛中涌现出来的先进班组和个人应给予适当的物质奖励和荣誉奖励，宣传先进典型和经验，查找解决存在的问题。竞赛前的宣传舆论工作，竞赛事项的安排部署、工作通知，后期的经验推广工作，都可以通过单位网站、QQ群、微信朋友圈、报纸等媒介，广为宣传并不断扩大影响力，提高工作效率，提升竞赛水平。

2.企业"安康杯"竞赛组织基本流程

（1）成立企业"安康杯"竞赛机构

竞赛的组织机构一般称为竞赛委员会，也称为竞赛领导小组，一般由企业行政领导人、工会及相关部门的人员组成。委员会办公室设在工会，负责竞赛的日常组织、管理等具体工作，主要包括提出竞赛方案、目标，制定竞赛实施方案，考核、评比和奖励办法，总结、推广竞赛先进典型和经验，指导竞赛健康、有序开展。

（2）确定企业"安康杯"竞赛目标

确定竞赛的目标要从企业生产实际出发，着力解决生产经营过程中"安全与健康"方面的突出问题，在促进生产经营任务完成的同时，注意提高职工素质，增强企业核心竞争力，推动企业长远发展。确认竞赛目的时，既要考虑竞赛的先进性，又要兼顾可行性；目标既不能定得过高，也不能定得过低。目标过高容易使人丧失信心，目标过低就会失去竞赛的意义。目标的制订是前提条件，务必通过调查研究和集体讨论决策，科学地确定竞赛目标。

（3）制定企业"安康杯"竞赛方案

竞赛目标确定后，就要开始制订竞赛方案，竞赛方案的制订是一个非常重要的环节。一般而言，竞赛方案的制定要体现出群众性、可行性，为多数职工所认同，力求做到指导思想明确、竞赛方法规范、竞赛程序合理、评比奖励公平，有利于调动和保护参赛者的积极性。一个科学合理的竞赛方案包含竞赛名称；指导思想；竞赛形式；竞赛内容、要求、标准和目标；参赛范围和人员；竞赛起止时间；考评和奖励办法；其他。

（4）组织实施企业"安康杯"竞赛

竞赛方案一经确定，就进入竞赛组织实施最为关键的环节。在组织实施过程中，务必做好以下三项工作：一是做好实施前的准备工作，主要是做好竞赛动员，让参赛职工明白竞赛的意义、方法、目的和要求，使职工有一个良好的竞争心态和参赛心理，做到取长补短、相互学习、共同提高。二是做好实施中的指导工作，主要包括及时通知报名、通报竞赛情况、及时解决竞赛过程中出现的问题以及经验总结，以保证竞赛活动按照竞赛方案有序进行。三是做好实施中的阶段总结。在竞赛过程中，要分阶段或定期进行阶段总结，考核竞赛目标完成情况、工作质量和实际贡献，并以此作为奖励的依据。

（5）企业"安康杯"竞赛评比表彰

评比表彰是竞赛管理过程中不可缺少的环节之一，在竞赛评比表彰中要注意：一是评比力求准确、公正，要把那些真正优胜的集体和个人评选出来。二是对优胜者的物质奖励和精神奖励要与贡献相适应，真正起到表彰先进、激励职工的作用，使竞赛始终保持旺盛的生命力。

（6）推广企业"安康杯"竞赛经验

宣传推广先进经验是竞赛开展的重要目标和环节。通过总结先进经验，把竞赛中创造出来的先进技术、先进工具、先进管理法、先进工作法和先进操作法加以推广，这是企业"安康杯"竞赛的目的之一。找准宣传典型，重点开展成果表彰会，举办培训班，进行现场表演，总结先进工作法，创建劳模工作室，发挥其榜样和示范作用。

推广竞赛交流平台

1. 班组"安康杯"竞赛个人典型示范

案例1

王志祥，现任中铁上海局一公司安全生产总监，2005年7月参加工作，近20年的职业生涯，他在安全岗位上工作了12年。作为一名管理者，他将

"安全第一，预防为主，综合治理"的安全生产方针融入企业安全生产管理的全环节，不断改进和加强公司安全质量管控水平，实现了公司安全生产无事故、质量合格无返工、环保达标无投诉的目标。荣获2020—2021年度全国"安康杯"竞赛活动优秀个人。

聚焦系统管理，"自上而下"成体系。"安全生产是企业的底线和红线，没有安全何谈发展。"从基层一步一脚印实干的王志祥深知，安全生产是企业的"大事""要事"，事关企业尤其是建筑企业的长足发展。近年来，为应对公司生产经营规模逐年扩大带来的安全生产管控压力，王志祥从顶层设计出发，在机构设置、人员配置、制度建立、教培体系和应急保障五个方面抓实安全系统建设，健全安全生产管理体系，有效提高了公司安全生产管理水平。

为强化专业监督，提高公司整体安全监督工作水平，他牵头成立公司安全生产管控组，在区域化管理的基础上，对高风险项目实行精准管控督查。目前，公司配备安全生产管控组，先后对65个项目开展安全稽查，发现问题658个。他还通过不断完善安全队伍建设，打造高效稳定的安全生产队伍，形成完备的安全生产监督管理体系。近两年来，公司安质系统人员新招收大学生60名，全公司在建项目配备安质人员241名，持证上岗率达97%。

"安全教育必须年年讲、月月讲、日日讲、班班讲、逢会必讲安全！"为使安全生产意识深入全体职工，王志祥不断丰富安全教育的教培保障体系，并紧抓"关键少数"和"业务系统"安全教育培训，每半年组织全公司在建项目主要领导开展安全警示教育、开展项目管理人员安全教育轮训。在施工作业班组安全教育上，重点抓岗前教育和班前讲话，打通一线工人安全管理的最后"一公尺"。

强化风险防范，"事无巨细"抓管控。"管安全不能当马后炮，更不能有亡羊补牢的思想，必须提前卡控、及早预防！"为此，日常安全生产管理中，他通过组织开展在建项目安全生产风险评估，督促基层项目经理牵头按周对施工过程中风险较大、风险集中，或工序转换易发事故和险情的关键工序和重要部位定期进行安全风险动态等级评估，并根据评估结果及时发出安全控制预警，有效提高了重大安全风险防范水平。

得益于王志祥为把控好安全生产的三大"源头"推行的三项举措，公司各项目安全生产管理微信群内，项目经理每日发布安全生产工作提醒成为日常安全生产管控的硬性要求。除此之外，将移动模架、高支模、盾构、隧道及箱梁架设等高风险工序交由专业化队伍施工；提高安全生产考核在分包队伍年度履约考核权重以及实行爆炸物品管理卡控、大型、特种设备安全卡控等举措，不断提升了公司安全生产各要素管理水平。

在充分借鉴企业成熟经验以及股份公司、集团公司安全质量环保管理文件和企业发展实际基础上，王志祥不断完善和优化管理制度，先后建立了《项目副经理管理办法》《安全质量环保奖惩制度》《两级履职履约考核办法》，修订完善了公司《安全生产责任制》等制度，并针对13类安全风险制定了工程项目"管""监"责任清单及责任矩阵，重大安全风险管控内容和项目各层级的监管职责进一步明确，安全生产的"权责"界限和工作要求进一步规范。

推行正向激励，"奖优罚劣"树导向。"在此对该项目提出全公司通报批评，并将在安委会上对相关责任人进行问责，请各单位深刻吸取教训，重新梳理现场安全质量管理。"针对各项目安全管理上存在的漏洞和问题，王志祥坚持在定期生产交班会和安全生产视频会上进行通报批评，并视情况在公司安委会上进行问责处理，不断加大有关安全生产方面的问责处理力度。近两年，公司安委会先后作出问责处理16份，处理相关责任人99人次。

一直以来，王志祥不断推进安质系统人员考核规范化、标准化，通过标准化考核、正向性激励调动一线安质人员工作积极性，"要据实进行考核，评定等级，发放岗位津贴，确保想干事的、能干事的、干成事的享受应有待遇，树立起能者上，庸者下，平者让的观念"。经过调研发现，考核激励手段不仅有效提高了公司整体安全管理水平，还大幅提升了项目管理人员参与安全管理的积极性和主动性。

在王志祥的带领下，仅2022年，公司先后获国家级安标工地1项、国家级优质工程4项；省部级安全文明工地6项，省部级优质工程奖项7项，省部级环保奖项4项，省部级QC成果5项，多项工程获得地市级以上安全质量文明施工奖。

"只有安全上万无一失，才能避免一失万无。"王志祥始终践行着一名安全人的初心使命，将满腔热情投注到企业的安全生产工作中。

案例2

王文燕，中共党员，2007年至今在贵州医科大学附属肿瘤医院工作，目前担任影像科护士长，副主任护师。荣获2020—2021年度全国"安康杯"竞赛优秀个人。

王文燕政治立场坚定、坚持原则、爱岗敬业，业务素质过硬，严格执行安全生产和职业病防治法律法规、方针政策，积极参加各级"安康杯"竞赛活动，不断完善科室安全制度、流程，动员全科人员积极参与，开展了一系列的疫情防控、防灾减灾、职业病防治活动。

勤学习，注重安全生产相关知识储备。深入学习贯彻习近平总书记关于安全生产重要指示精神，作为护士长以抓好科室"安全行医"为己任。面对安全工作的新形势，她始终以强烈的事业心和责任感，将贯彻落实安全生产法律法规规范作为自觉行动；面对安全工作的新要求，她不断丰富积累相关法律法规知识，做到学有所获、学有所思、学有所用；面对安全工作的新状况，联系实际，充分发挥科室安全监督员的作用，在科室负责人的带领下，结合实际，对出现的新情况作出及时恰当的应急处置，确保救援队及时到达现场进一步处置。

重实干，履行安全行医工作成绩出色。在日常工作中，她牢固树立"爱岗勤奋、乐于奉献、创新务实"的工作理念，时刻本着严谨细致的工作作风,切实抓好安全"行医"不松懈。影像检查作为临床诊断的重要依据,面临着受检人数多,随时有复杂情况发生的可能,作为科室"总调度员",她积极探索,合理运用每台设备,增加晚班、周末班,安排好医疗设备的维保,优化了一系列检查流程:急诊检查,即做即取;普通检查当天取结果(最快只需 2 小时),最晚不超过次日 16 点;核磁共振检查从原来一周的等待期,到现在三天即可检查。面对突发情况她也毫不畏惧,2021 年冬天一位放化疗患者,因体质差,在她所在的科室等待检查时突然晕倒,听到患者家属大声喊叫后,她立即组织科室人员积极抢救,测血压、上氧气,一系列抢救动作行云流水,在大家的积极配合下,患者很快转危为安,出院时患者专门送来了锦旗表达谢意。

强化预防,落实职业病安全防护工作。影像科多数检查都带有放射性,做好防辐射工作成了影像科开展好业务工作以外的重中之重,尤其国家开放二孩、三孩政策,防辐射工作与影像医护人员的健康和家庭幸福息息相关。作为影像科护士长,她定期组织全科人员学习射线防护相关知识,她还为科室所有医护人员建立了职业病健康档案;定期做好工作环境辐射监测、剂量原件收集、个人档案建立都由她一手完成;每年一次的职业病检查体检,考虑到科室医护人员工作繁忙,她都会提前制定排班,错峰体检,保证每一位医护人员按时完成相关体检项目,体检结束后她积极跟踪检查结果,询问科室人员体检情况,针对有问题的同事做到心中有数,重点关注,并对工作进行合理调整。

善思考,疫情防控与日常工作两不误。新冠疫情期间,王文燕负责"影像科新冠病毒疫情防控工作小组"日常工作,形成全面严控,职责明确,全天候保障的防控态势。在保障科室安全的情况下,她组织科室人员积极参加新冠疫苗接种及社区疫苗接种志愿者公益活动。部分影像检查项目因存在特殊性,特别是核磁共振检查过程中,禁止病人携带金属物品进入检查室扫描,在疫情防控常态化形势下,戴好口罩是做好疫情防控的重要一环,她带领大家想办法，将口罩上的金属片去掉，再进行检查，检查结束后再为患者发放新口罩，这样既做好了疫情防控，也让患者及时做完了检查。她的这些方法得到了大家的认可，使得影像检查与疫情防控都能有序进行。

防未然，增强职工安全生产生活意识。为增强影像科全体医护人员防灾减灾意识，保障科室工作人员、病人及家属的安全，在科室负责人的带领下，她定期组织全科人员学习，普及防灾减灾知识和技能，并多次针对现场情况进行演练。通过一系列的学习、演练，科室医务人员对于防灾减灾应急知识有了一定的掌握，并提高了在紧急危险情况下开展自救与他救的能力。"预防比补救更重要"是她常挂在嘴边的一句话，为做到防微杜渐，每周科室会后总会看到她巡视科室每一处角落、每一种危险源部位，为保障科室财产安全、设备安全、生命安全，她总是勤勤恳恳，任劳任怨，默默坚守着自己的岗位。

2. 企业"安康杯"竞赛交流宣传平台

案例 1

中芯北京：安全文化引领安全生产。

中芯国际集成电路制造（北京）有限公司（以下简称中芯北京）于 2002 年成立，拥有中国大陆第一条 12 英寸集成电路生产线，是中芯国际集成电路制造有限公司的全资子公司。多年来，公司非常重视安全文化建设工作，运用"P-D-C-A"（即计划、执行、检查、处理）原则策划并落实各项安全文化建设活动，每年的"安康杯"竞赛活动是安全文化建设工作的重中之重。2021 年 6 月，在工会的主导下，中芯北京成立"中芯北京'安康杯'竞赛组委会"，以安全环保部（ESH）部门主管为竞赛组长，ESH 工程师及各部门安全联络员为竞赛组员，负责统一筹划和协调组织各项"安康杯"竞赛活动。

中芯北京强化落实企业全员安全生产责任，建立了涵盖"企业主要负责人—部门经理—课经理—基层职工"的全员安全生产责任制体系，并根据部门的不同职能、岗位的不同职责、职工的不同级别对应相应的责任制内容，达到"责任分工，落实考核；岗位具体，全员覆盖"的效果。

企业安全生产责任制不是一成不变的，需要随着国家法规、地方政策以及岗位要素的变化而及时更新。同时，企业全员安全生产责任制的推行也不是只依靠"年度签核"这一种形式，而是要随着公司安全文化建设工作的推行深入人心。中芯北京的全员安全生产责任制明确包含"全体职工应积极开展参与企业安全文化建设工作"，"安康杯"是企业安全文化建设工作的重要项目，每年的竞赛结果也是年度安全生产责任制考核评优时的重要参考指标。2021年度中芯北京"安康杯"竞赛活动，例如"安全责任首当其冲——主管安全知识竞赛"和"承揽商安全知识竞赛"的开展，不仅扩展了安全文化建设工作的深度，还使得落实安全责任的信念贯彻到每个人心中，为企业安全生产责任制落实和推行提供了助力。

隐患排查治理工作是中芯北京日常安全管理工作的重点，也是各部门安全管理工作考核评估的重要指标。为此，公司推行双控机制，加强隐患排查。根据风险分级管控要求，中芯北京将公司的生产区和储存区等不同区域，运用专业的风险分析方法进行风险分级。同时建立隐患排查制度，针对不同等级的风险区域，安排有不同的检查频次和检查内容的隐患排查工作。隐患排查工作不仅需要完善的制度，还需要各岗位职工充分了解岗位存在的风险和潜在隐患，以及掌握隐患辨识能力和自查自改的能力。2021年，中芯北京"安康杯"举办了"大家来找碴儿"隐患排查竞赛活动，提升职工自主隐患排查整改的能力与意识，助力企业隐患排查治理。活动趣味性强，寓教于乐，能使职工充分辨识日常生产工作环境中的安全隐患，预先辨识并控制整改隐患，以达到"落实安全责任推动安全发展"的安全管理目标。

专业的应急处置能力和完善的应急设备设施，是企业安全生产工作持续开展的重要保障。因此，中芯北京除了设置专门的应急处置机构——紧急应变中心，配备有完备的设施外，还着重培养紧急应变成员（ERT）的应变能力。公司除安全环保部门职工作为专职安全管理人员外，其余各部门设置有多达 1000 人次的 ERT 成员，占职工总数的 38.5%。公司积极组织全体职工开展应急能力提升训练，包括针对各类风险源开展的不同场景演习，每年 70 余场；ERT 全员防护服穿戴训练（A 级防护服、C 级防护服、消防战斗服）每人每年 2 次；全员紧急应变及安全知识测试每人每年 4 次；以及其他各类相关培训和设备设施实操练习。

对于职工的紧急应变培训工作，公司不满足于日常的演习，而是不断推陈出新，力求以实践来检验和锻炼职工的紧急应变能力。如 2021 年中芯北京"安康杯"竞赛，依托于专业的模拟场景，公司组织职工开展首届"消防铁人三项竞赛活动"，新增的烟道逃生体验让职工对浓烟逃生有了更直观的感受。其中"自给式空气呼吸器和消防服穿戴"活动，提高了职工穿戴各类防护服的熟练度和正确度。而"全员烟道逃生体验和灭火器操作培训"是本次活动中投入最大、持续时间最长的活动，公司 2600 余名职工均参加了培训，全方位锻炼了职工的消防能力和逃生技能，目前人人都可以熟练地使用灭火器。

中芯北京优良的安全文化建设成果和先进的安全生产管理理念，借由"安康杯"竞赛活动得以发扬，更在日常的安全管理工作中得以落实。在全员的不断努力下，2021 年公司未发生安全环保事故和职业病伤害事故。

案例 2

邯峰公司：建实"三项机制"激活安全"细胞"。

河北冀中邯峰矿业有限公司（以下简称邯峰公司）是一家集煤炭生产、加工、销售于一体的企业，隶属于冀中能源股份有限公司。管理冀中能源股份有限公司在邯郸矿区的 5 矿 6 井，2 座中央洗煤厂以及其他 5 家地面煤炭辅助生产经营单位。作为一家以煤为主的企业，抓好一线矿场安全生产、提高一线职工安全意识和自主保安能力是关键。邯峰公司工会坚持以"安康杯"劳动竞赛为抓手，确定了大抓基层、大抓一线的鲜明导向，在公司

《"安康杯"竞赛活动实施方案》中明确以各生产单位为主体建立"三项机制",激活班组、职工这些安全管理链条上的末梢"细胞",有力保证了企业安全稳健运营。

①建立日常培训机制,提升素质保安全

公司明确要求在各单位一线班组中,如果有一名职工违章作业,整个班组都要进行培训。一是建立日常培训制度。充分利用职工会、班前会,对职工进行安全业务知识教育,提高职工的基本操作技能和处理事故的能力,从而使职工自觉遵守《安全操作规程》及其他规章制度。二是针对典型案例培训。利用每周二、周五组织职工学习安全事故案例,由基层党支部书记或工会主席讲解,逐一和职工一起进行分析,结合单位现状展开讨论,形成上下互动,突出教育效果。三是"三个带头"聚正能。三个带头,即"三违"者带头学、班组长带头学、党员带头学。通过班组长、党员、"三违"个人带头认真学习规程措施,学习工作中的危险点和注意事项,知标准懂标准,确保施工安全。

②建立亲情关怀机制,真情感化保安全

开展好"四个一"安全亲情活动,即:做一个安全承诺。广泛开展安全诚信教育活动,要求每名职工要作出一份安全承诺,并进行公示、存档。结一个安全对子。按照自愿的原则,由两名职工在班前会前结成互保联保对子,签订"互保联保"协议后方可上岗。建一份安全档案。以区科为单位,为每名职工建立安全履职档案,做到了"十清楚、八知道","十清楚"即五官面貌、家庭住址、专业特长、从事工种、工作年限、个人简历、身体状况、家庭情况、兴趣爱好、上下班交通工具等清楚;"八知道"即个人安全承诺内容、上岗证件使用期限、技术培训情况、月度出勤情况、工资收入情况、安全处罚情况、表彰奖励情况、工作表现等知道。拍一部亲情短片。每月各单位轮流组织拍摄,月底邀请家属到矿厂进行观看和安全真情告白。职工家属在不同的场景,用不同的声音和不同的方式共话"安全",让职工和家属"共吹安全风、共系安全带、共做安全事",全力保证安全第一。

③建立岗前监督检查机制,制度约束保安全

一是班前严查"安全不放心人"。每班班前,由基层矿厂区科值班领导对出勤人员进行"不放心人"排查。首先是"看"。看是否有精神萎靡不振、"心事重重"的人员;看当班是否有列入区队"不放心人名单"的,干工作投机取巧、盲目蛮干、麻痹侥幸、工作马虎等人员,要对这些人员进行"重点照顾",并指定专人与其结"对子",严重者停止其工作。其次是"听"。听听班长对当班出勤职工的了解情况,有没有因家庭或者其他缘故而心理上、精神上情绪不稳的人员。最后是"测"。班前要对所有人员进行血压测试和酒精测试,严查高血压和酒后上岗行为。以支部为单位,对各类人员进行建档动态跟踪管理。对重点人员在安排工作时不允许单岗作业,施工及上下井期间必须有人监护,确保不让任何一个"安全不放心人"成为"漏网之鱼"。二是班中严查安全隐患。要求基层矿厂管理人员坚持在施工地点召开现场会,结合实际制定符合现场规范的岗位责任标准,对每个人负责什么、怎么干、应该干成什么样都要做具体要求,使职工在工作开始前就能够一目了然。同时,由主管生产的区科领导列出本单位习惯性违章作业的各种行为,各班组长为严查第一责任人,对习惯性违章严格监督检查,一经发现,按责任大小给予相应的经济处罚。三是班后心理疏导帮教感化。对"三违"人员开展一对一、面对面的心理疏导,缓解职工压力,化解职工矛盾,理顺职工情绪,让职工深刻意识到"三违"的危害性和可能产生的严重后果,从而"纠正"职工思想,转变职工心理。开展"面对面、心贴心、实打实,服务职工到一线"活动,组织党员干部深入班组一线,到职工群众中,通过交谈、走访等形式,了解职工愿望和诉求,畅通沟通交流渠道,帮助职工解决"三违"后的思想问题,使每位职工都能正确认识"三违"的危害性,做到警钟长鸣。

此外,该公司工会和下属二级矿厂工会还持续开展"红背包一线慰问";

女工安全协管员"进区队,到井口,送安全"活动;职工代表、群监员、青安岗员定期安全巡视、上岗联查活动,真正把安全工作的关口前移到生产一线,重心下移到区队、班组和个人,形成了上下联动、全员参与,群防群治的良好局面。

第 6 章

"安康杯"竞赛活动的评选与管理

第6章 "安康杯"竞赛活动的评选与管理

"安康杯"竞赛活动的评选推荐

全国"安康杯"竞赛活动先进集体和优秀个人的推荐对象应自下而上、层层选拔产生,评选工作严格执行"两审两公示"程序,即实行初审、复审及省级、产业工会、协会和全国两级公示。初审由省级"安康杯"竞赛组委会负责,复审由全国"安康杯"竞赛组委会成员单位组成的复审小组负责。

1. 班组"安康杯"竞赛的评选推荐程序

(1)优胜班组评选条件

优胜班组评选条件:班组安全生产责任制和班组安全管理制度完善,认真组织开展班组安全建设活动,班组现场管理严格规范,班组无"三违"现象。严格执行隐患排查治理制度,能够正确处置发生在本班组和作业场所的各类事故或隐患。职业病防治责任制和职业卫生管理制度完善,班组严格遵守职业病防治各项规定,工作场所职业病危害得到有效治理和控制,个人防护用品按标准正确使用。

(2)评选推荐程序

班组"安康杯"竞赛的评选推荐程序一般包括以下步骤:

①自评与推荐。各班组根据评选标准和自身实际情况进行自评,总结在安全生产、健康保护等方面的成绩和经验。在此基础上,各班组可以向所在单位或上级组织提出参评申请,并附上相关材料。

②初步筛选。所在单位或上级组织对收到的参评申请进行初步筛选,确保参评班组符合评选条件,并筛选出表现突出的班组作为候选对象。

③深入考察。组织评审专家或相关人员对候选班组进行深入考察，了解其在安全生产管理、职业病防治、职工健康保护等方面的具体做法和成效。

④综合评审。根据考查结果和评选标准，对候选班组进行综合评审，确定最终的参赛名单。

⑤公示与表彰。对参赛班组进行公示，接受群众监督。公示无异议后，组织颁奖仪式，对参赛班组进行表彰和奖励。

在评选推荐过程中，应确保程序公开、公正、公平，避免任何形式的不正当竞争和干预。同时，应注重发挥先进典型的示范引领作用，推动班组安康工作不断提升。

2. 企业"安康杯"竞赛的评选推荐程序

（1）优胜单位评选条件

拥护党的领导，严格遵守安全生产和职业病防治法律法规，积极落实党中央、国务院的部署要求。竞赛组织机构健全，竞赛制度完善，企业全员参与，活动开展得力。积极参加全国"安康杯"竞赛组委会组织开展的各项活动。通过竞赛活动，企业安全生产和职业病防治主体责任、企业安全生产和职业病防治全员责任制得到进一步落实；企业安全生产和职业病防治管理水平进一步提高，职工安全健康意识和技能进一步提升，班组安全建设进一步加强，职业病防治措施进一步完善，群众监督作用进一步发挥，安全健康文化建设成效显著。

（2）评选推荐程序

单位自评推荐。各单位对照评选条件，根据《全国"安康杯"竞赛优胜单位考核评分表》（附件1）进行考核自评，推荐对象须经所在单位党委会或行政办公会研究，经职工代表大会（或职工大会，以下简称职代会）审议通过，职代会闭会期间则由职代会授权的职代会团（组）长和专门委员会（小组）负责人联席会议审议通过，逐级上报至各市州总工会、省直机关工会、有关省产业工会等推荐单位。

市州级审核推荐。各市州总工会、省直机关工会、有关省产业工会等推荐机构对推荐对象的单位党委会或行政办公会研究情况、职代会审议情况、考核自评情况等进行审核，征询同级应急管理、卫生健康等部门意见，经集体研究后，将推荐对象的《评比申报表》及推荐对象的单位党委会或行政办公会研究情况、职代会审议情况、考核自评情况证明材料汇总上报至省"安康杯"竞赛组委会办公室，同时报送本地区（系统）的"安康杯"竞赛活动总结。

省级审核推荐。省"安康杯"竞赛组委会办公室组织应急管理、卫生健康、工会等部门及有关专家对各市州总工会、省直机关工会、有关省产业工会等推荐机构推荐对象进行联合审查，提请省总工会常委会研究后，对推荐对象进行5个工作日的省级公示，公示无异议的，将推荐对象有关资料报全国"安康杯"竞赛组委会办公室复审。

复审通过并经竞赛组委会审定拟表彰名单后，进行不少于5个工作日的全国公示。

二、"安康杯"竞赛活动的过程管理

1. 班组"安康杯"竞赛的管理

（1）安全生产全员到位。明确每位职工的安全基本职责和安全考核指标，坚持履行安全生产人人有责原则。

（2）宣传动员。各部门充分利用各种例会、班前会做好竞赛宣传和动员，党政工团干部深入生产一线，跟踪作业到现场，大力宣传安全生产知识，指导班组落实"安康杯"竞赛活动，把劳动安全教育渗透到生产经营的第一线，贯穿于安全生产的全过程。

（3）安全工作科学运作。班组紧密围绕公司开展的"安康杯"竞赛活动,始终把"安全"作为班组管理工作的核心,建立健全班组安全作业体系,完善班组安全管理制度,明确班组成员安全责任。班前会做好安全预知,明确当班安全管控要求;班后会评选当班最佳安全示范职工,并与绩效考核挂钩。坚持制度面前人人平等的原则,及时在班组内曝光各类安全问题,促进职工自觉遵守安全规章制度,促进安全生产工作,加强安全文化建设。

(4)强化过程管控,提高班组履职尽责水平。加强对"安康杯"竞赛活动的过程控制,强化广大职工履职尽责意识,确保竞赛活动扎根基层,激发企业的生机和活力。

(5)强化考核管理。对各班组"安康杯"竞赛活动的组织宣传、活动开展、职工参与情况以及劳动保护监督检查工作开展情况进行评比,并就发现的问题及时提出建议,督促落实整改。

2. 企业"安康杯"竞赛的管理

坚持以深入开展"安康杯"竞赛活动为抓手,突出主题、强化重点、明确职责、落实责任,着力在增强职工安全生产责任意识和自我防护能力上下功夫,结合生产实际积极探索有效开展"安康杯"竞赛活动的新途径和新方法,不断创新"安康杯"管理模式。

(1)加强组织领导,明确要求,完善竞赛活动体系。坚持党政工齐抓共管、职工群策群力,形成合力。一是健全活动组织机构;二是明确活动具体要求。

(2)深入宣传,强化培训,提高竞赛活动质量。坚持以人为本,采取多种形式深入开展安全宣教和培训活动。一是加强企业安全文化建设;二是加强职工安全知识培训;三是组织开展岗位练兵、技能竞赛活动,通过练兵、比武提高职工的业务技能素质和安全生产防护能力。

(3)落实责任,深入督查,加强安全生产管理。一是强化责任落实,狠抓目标管理;二是加大督查力度,规范现场行为;三是全力杜绝违章,排查安全隐患。

（4）强化考核管理，推动"安康杯"竞赛活动深入开展。一是量化考核指标；二是明确考核标准；三是细化考核内容；四是综合评价效果。

（5）创新载体，丰富内容，树立安康活动品牌。注重培育安康文化，打造安康品牌。

（6）务实求效，构建安康杯竞赛活动长效机制。坚持务实求效，全面总结，不断提高，努力形成"安康杯"竞赛活动的长效机制。

总之，开展"安康杯"竞赛活动，领导重视是前提，健全考核制度是保障，全员参与是根本，履行职责是关键，构建长效机制、促进安全是目标。这几项相辅相成，缺一不可。

"安康杯"竞赛活动的品牌树立

1. "安康杯"竞赛的优胜班组

吉林松花江热电热控二班劳动竞赛如火如荼[①]。

近年来，国电吉电股份吉林松花江热电有限公司设备分场热控二班把劳动竞赛作为抓实安全生产工作的"利器"，不断创新形式，发挥技术革新和合理化建议等在生产优化、技术改造和管理创新方面的推动作用，为企业创效作出了突出贡献，小班组激活了企业"大能量"。

"降低热风关断门故障判断时间"小设计、小改造项目获得股份公司颁发的 QC 成果二等奖荣誉；"降低给煤机故障率"小革新、小改造项目获得股份公司颁发的 QC 成果二等奖荣誉；"微波煤粉浓度及煤粉流速在线监测应用及一次风动态调平"改造项目荣获中国电力企业联合会颁发的全国电力

---

① 吉林松花江热电热控二班劳动竞赛如火如荼，中工网，2019 年 07 月 31 日。

职工技术成果二等奖……一连串荣誉背后，是该班组职工刻苦钻研、携手攻关的硕果。

该班组现有职工18人，平均年龄30岁，是一支充满朝气，有着顽强战斗力的青年队伍。按照集团公司建设"经济效益型"班组的相关要求，该班积极开展小革新、小发明、小创造等技术创新活动。

2019年上半年，三期给煤机由于原始设计存在缺陷，造成给煤机控制回路频繁故障，给煤机跳闸影响锅炉的安全运行。该班组立即组织骨干及QC小组成员查资料、找图纸、观察设备运行状况、采用试验等手段，发现给煤机主控制回路与清扫链控制回路并用，启动时会导致相互干扰，造成设备运行不稳定。经过班组职工的共同改造，消除了故障，保证了给煤机的稳定运行。

为了提升职工素质，该班组以赛促训增强职工技能。先后组织开展了岗位练兵、人员岗位技能培训。通过培训，使班组成员能及时掌握各种安全生产知识、安全法律法规。组织开展骨干职工拓展培训，增强团结协作意识和业务能力。该班组结合安全生产实际，开展了行之有效的技能比武，打造"学中练、练中比"的学习氛围，激发职工自觉钻研业务技能，使职工素质得到提升，在省市和公司举办的各种竞赛中取得优异成绩。仅2018年班组和个人就先后荣获吉林市劳动竞赛模范班组，吉林市总工会"安康杯"竞赛优胜班组，吉电股份安全规程知识竞赛团体二等奖、个人一等奖，公司消缺竞赛一等奖。

4号炉吹灰蒸汽阀门原为西门子气动控制器，由于连续运行多年，导致控制器故障率增加，阀门不能正常动作，影响锅炉安全运行。2019年4月，该班通过立项攻关，组织骨干人员利用拆解废旧的ABB控制器，对气动控制器重新进行优化改造、更换，投入使用后稳定可靠，保证了设备稳定运行。

节能减排始终是企业提质增效的一项重点工作。该班在生产过程中积极开展节能减排活动，强化对标管理，树立节约意识。为落实发改委、环保部、国家能源局下发的《煤电节能减排升级与改造行动计划》要求，提高污染治理水平，减少污染物排放，使烟尘、二氧化硫、氮氧化物达到排放标准，在公司超低排放技术改造工程项目中，该班组先后参与了4号炉微排改造项目，1、2、3号炉环保改造项目，效果显著，为公司完成节能减排任务作出了贡献。

在检修维护中，该班组始终倡导节俭节约，在维护、检修、改造过程中积极开展修旧利废活动，完成了"控制板卡、脱硝蠕动泵和取样泵、四号炉火检"等设备的修复，2018年上报公司修旧利废项目就有17项，节创价值57万元。

2019年上半年，该班组累计开展修旧利废7项，折算节约金额5万余元。其中6号炉D给煤机热风调门因工作环境较差，经常造成电路板损坏。班组组织技术人员进行专项攻关，对旧板卡进行检测、试验，自行购买质量好的电子元件进行焊接改造，不仅节省了成本，还延长了板卡的使用寿命。

2."安康杯"竞赛的企业品牌

中铁四局工会实施"四大工程"建设"四型"职工之家[①]。

近年来，中铁四局工会实施"四大工程"，建设"四型"职工之家，推进服务一线职工，推动企业生产经营任务完成，让广大职工群众有了更多的获得感、幸福感和安全感，成为"组织健全、依法维权、求实创新、工作规范、作用明显、党政信赖、职工满意、充满活力"的职工之家。

一是实施"改革工程"，推动建家工作融入工会改革大势，打造"创新型"职工之家。一是深入推进组织建设。建立基层工会组织建设"六同步"工作机制，实现三级工会组织应建尽建，职工入会率100%。开展工会"双亮"标识工程，规范全局工会系统形象标识，进一步推进工会组织亮牌子、

---

① 中铁四局工会实施"四大工程"建设"四型"职工之家，中华全国总工会，2022年09月05日。

工会干部亮身份。建立健全工会干部三级培训机制，坚持送教到基层，做好传帮带，近5年，培训工会干部400余人次。二是持续推进改革创新。积极探索新业态工会建设，创新发展"互联网＋工会"工作，持续加强一网一刊一号建设。开展"互联网＋民主管理建设"，各项重大事项、管理事务通过中铁E通等工作平台发布，保证项目全员知晓、全员参与。深耕工会网站、微信公众号、《四局工人》宣传服务阵地，及时发布职工群众想看、爱看的图文信息，持续扩大工会宣传阵地影响力。三是全面深化农民工管理工作。结合国家产业工人队伍建设，创新实践农民工管理3.0版——"五共"管理。通过建设幸福小家，成立农民工创新工作室、志愿者服务站，开展技能、劳动竞赛等活动，激发产业工人与企业同心同德求发展的正能量，农民工、全国劳动模范刘志祥成长为副处级领导干部，农民工、全国五一劳动奖章获得者魏大翻被誉为"创效带头人"，全国五一劳动奖章获得者、安徽省"最美农民工"徐露平当选为安徽省总工会兼职副主席。作为全国"十大产业百家企业深化产业工人队伍建设改革专项行动"企业之一，积极响应号召，制定专项行动方案，举办农民工"五共"管理成果展示会，营造了浓厚的活动氛围。"五共"管理工作在《人民日报》等媒体广泛宣传，《工人日报》等在头版专题报道了中铁四局深化产业工人队伍建设纪实文章。"五共"管理工作成为安徽省总工会产改重大成果，被中国中铁工会在系统内推广，在地方、行业引起较大反响，扩大了企业影响力，提升了企业品牌形象。

二是实施"民主工程"，推动建家工作融入党政工作大局，打造"管理型"职工之家。一是持续深化职工代表大会建设。进一步健全三级职代会制度，实现"五个一百"，即召开率100%，民主测评100%，《集体合同》签订100%，《共保合同》签订100%，会员评价100%。探索实践"云端"职代会"1334"做法，实现了"会议直播开、报告线上议、讨论群内提、表决线上投"，做到了职代会"程序不减、内容不删、环节不少、标准不降"。高度重视职工代表提案工作，每年开展优秀提案和优秀处理意见评选工作，连续五年被评为中国中铁优秀提案组织单位。二是持续加强厂务公开。完善《厂务公开管理办法》，明确了局、子分公司、项目经理部三个层级的公开事项、公开方式、公开频次，进一步规范了厂务公开日常管理。坚持每年开展厂务公开检查、职工代表巡视活动，以此推动全局职工民主管理工作有效落实。获"全国厂务公开示范单位"1个，省级厂务公开示范单位2个、先进单位1个。三是持续推动平等协商集体合同。把职工关注的热点焦点问题列为平等协商重点，坚持把涉及职工切身利益的条款写入集体（共保）合同。发挥好职工代表巡视作用，重点对职工薪酬、休息休假、劳动保护等条款进行检查，督促有关方面解决问题，做好职工维权服务工作。四是持续深化职工董监事制度。建立健全职工董监事制度，积极为职工董事、职工监事履职，代表职工在源头上参与企业重大决策创造条件，尤其是涉及职工切身利益的重大议案，切实维护好职工权益。推动职工董事、职工监事评价工作的科学化制度化规范化建设，坚持职代会述职，主动接受职工代表的监督、质询与考核，进一步调动职工董事、职工监事的工作积极性。

三是实施"幸福工程"，推动建家工作融入职工需求大事，打造"服务型"职工之家。一是关爱帮扶暖人心。建立健全职工互助补充保险、职工大病医疗无息贷款等"三让三不让"职工关爱体系，常态化落实"春送慰问、夏送清凉、金秋助学、冬送温暖"活动。完善休息休假制度，明确增加探亲假频次、定期轮休、合理调休等内容。开展职工家属反探亲、小候鸟夏令营等活动，提升职工家庭幸福指数。持续开展好职工健康体检工作，抓好EAP队伍建设，着力缓解职工不良情绪和心理压力，促进职工身心健康。近5年，全局共支出"三不让"资金7917.11万元，筹集发放"送温暖"资金5708.38万元、"送清凉"资金6096.12万元。二是幸福之家入人心。积极响应幸福企业建设规划，把职工小家升级为2.0版——幸福之家建设，构建了建家、验收、命名长效机制，确定了"一条主线、五项原则、三大目标、七项要求、十大家园"的创建内容。建家工作获铁路总工会最佳"三有"创新成果奖，被中国中铁工会评为特色工作品牌。截至目前共命名表彰505家幸福之家项目部。三是职工文化体育活动聚人心。坚持每年一个职工体育活动主题，广泛开展职工文体活动。通过开展送文化、送体育下基层、与业主联合开展运动会等活动，起到了丰富工余生活、陶冶职工情操、提升身体素养、凝聚奋进力量、密切联系地方的作用。自编自导自演的《舞动山河》《薪火相传》《奋斗之路》大型原创情景剧，述说企业发展历史，激励职工再奋发，营造良好的文化氛围。加强职工书屋建设，配备电子书屋，开展送书籍、读书会、征文比赛等活动，满足职工学习需求。开展家风、家教活动，促进职工家庭建设。近年来，该局先后获得中国火车头体育工作先进单位、中国火车头职工体育先进单位、全国职工体育示范单位称号。

四是实施"竞赛工程"，推动建家工作融入企业发展大业，打造"建功型"职工之家。一是广泛开展劳动竞赛。围绕企业高质量发展，紧扣"竞赛主体在一线、活动开展在一线、解决问题在一线"原则，连续24年组织开展"单位夺金杯、重点工程夺红旗"全局性劳动竞赛。坚持"长赛不断线，短赛攻关键"原则，开展"六比六创"主题赛、阶段赛、专项赛等。探索推广企地联合劳动竞赛，先后与安徽等14家省市总工会联合开展形式多样的主题劳动竞赛，密切了企地关系，推动施工产值超额完成，展示了中铁四局良好的央企形象和实力，连续13年获安徽省劳动竞赛优秀组织单位。近5年，获全国五一劳动奖状等国家级荣誉8个，省部级五一劳动奖状9个、工人先锋号41个。二是深入推进群众创新活动。广泛开展线上、线下全员学技术、练本领、比技能活动和"小发明、小创造、小革新、小设计、小建议"等群众性创新创造活动。目前，全局创建劳模创新工作室36个，创新创效成果经济效益显著。三是劳模选树广结硕果。持续弘扬劳模工匠精神，大力宣传全国劳模裴维勇等劳模工匠先进事迹，掀起了向先进学习、向先进看齐的热潮。近5年，获全国劳动模范等全国级先进个人8人，省部级先进个人70人。四是建机制保安全。深入持久地在全局项目组织好、开展好"安康杯"竞赛工作,落实群安员"52523"工作机制,为项目部安全、优质、高效发展打下牢固的基础。开展安全生产月活动,举办安全质量知识竞赛,进一步提升全员安全质量意识,公司荣获全国"安康杯"竞赛示范单位。

附件1

全国"安康杯"竞赛优胜单位考核评分表

考核单位：   考核时间：　年　月　日

考核项目	考核内容	得分
组织领导（7分）	竞赛组织机构健全（3分），主要领导任"安康杯"竞赛组委会主任（2分）。	
	竞赛活动有计划、部署、方案、组织、检查、评比、表彰、奖励（2分）。	
组织开展安全生产法规学习、培训、教育、宣传（18分）	深入宣传习近平总书记关于安全生产工作的重要论述和《劳动法》《工会法》《安全生产法》《职业病防治法》《中共中央　国务院关于推进安全生产领域改革发展的意见》等相关法律法规和政策（5分）。	
	积极参加全国"安全生产月"和《职业病防治法》宣传周等活动（2分），积极参加安全生产专项整治三年行动、尘肺病防治攻坚行动（2分）。	
	把安全文化建设融入企业整体文化建设中，有针对性开展宣传培训、操作演练、亲情教育、警示教育等安全文化活动（4分）。	
	建立安全卫生宣传教室或安全文化长廊，悬挂安全卫生警示牌、提示卡，张贴安全卫生宣传画、横幅、标语、警示语等（2分）。	
	针对企业职工开展安全生产教育培训活动（3分）。	
班组安全建设（10分）	重视企业班组安全建设，通过班组日常教育、温情教育和警示教育等，广泛开展班组安全宣传教育活动（6分），组织开展班组安全技能培训、安全生产合理化建议、安全管理优秀成果展示等班组安全文化活动（4分）。	
安全管理（20分）	安全生产管理机构健全，有专、兼职安全人员并形成网络（3分），安全生产管理有计划，有具体实施方案（2分）。	

续表

考核项目	考核内容	得分
安全管理（20分）	建立全员安全生产责任制度（3分），明确各岗位安全生产职责（2分），建立教育培训档案和安全生产责任制管理考核制度（2分），健全激励约束机制，激发全员参与安全生产工作的积极性和主动性（2分）。	
	把劳动安全卫生条款列入平等协商、签订集体合同内容并严格执行（属高危行业必须签订劳动安全卫生专项集体合同）（2分）。	
	个人劳动防护用品符合标准，配备齐全，并按规定严格检查（2分）。	
	安全装置齐全有效，设备完好率100%（1分），消防设备与器材齐全，有专人负责，并定期检查和保养（1分）。	
群众监督（20分）	认真贯彻工会劳动保护监督检查"三个条例"，健全三级工会劳动保护监督检查网络，加强工会劳动保护监督检查员考核及管理（5分）。	
	开展经常性的事故隐患和职业病危害源点排查，并进行分级管理，及时整改（3分），建立企业重大隐患治理情况向负有安全生产监督管理职责的部门和企业职代会"双报告"制度（2分）。	
	积极配合公安消防（1分）及交管部门（1分）做好职工的消防及交通安全教育和管理。企业职工没有发生过严重违章事故（2分）。	
	重视职业病防治工作，开展群众性职业卫生监督检查活动（3分）。	
	重视女工劳动保护，认真做好女职工"四期"保护（3分）。	
事故控制（25分）	未发生重特大事故（25分）。	
*组织宣传（10分）	活动受到地方媒体宣传报道（4分），活动受到中央媒体宣传报道（6分）。	
总得分		

注：*为额外加分项。

附件2

全国"安康杯"竞赛优胜单位评选表彰推荐表

单位名称＿＿＿＿＿＿＿＿＿＿＿＿

所属行业＿＿＿＿＿＿＿＿＿＿＿＿

所属省市＿＿＿＿＿＿＿＿＿＿＿＿

填报时间　年　月　日

全国"安康杯"竞赛组委会制

单位名称			
企业分厂数		企业分厂参赛数	
企业班组总数		企业班组参赛数	
企业职工总数		企业职工参赛数	
参加"安康杯"竞赛活动中的主要成绩			
考评分数			

续表

所在单位意见	
省、自治区、直辖市或产业安康杯竞赛组委会意见	年　月　日
全国安康杯竞赛组委会意见	年　月　日

附件3

全国"安康杯"竞赛优胜班组
评选表彰推荐表

    班组名称_____
    单位名称_____
    所属省市_____

      填报时间 年 月 日
     全国"安康杯"竞赛组委会制

班组名称			
单　位			
地　址			
电　话		邮箱地址	
参加"安康杯"竞赛活动中的主要成绩			
所在单位意见			

续表

省、自治区、直辖市或产业安康杯竞赛组委会意见	
	年　月　日
全国安康杯竞赛组委会意见	
	年　月　日

第 7 章

"安康杯"竞赛活动的职工安全教育

一 "安康杯"竞赛职工安全教育的重点内容

1. 职工安全生产权利

（1）获得劳动安全、卫生保护的权利

保障劳动安全、防止职业危害的事项。生产经营单位与从业人员订立劳动合同时，应当载明有关保障从业人员劳动安全、防止职业危害的事项，以及依法为从业人员办理工伤保险的事项。劳动者在已订立劳动合同期间因工作岗位或者工作内容变更，从事与所订立劳动合同中未告知的存在职业病危害的作业时，用人单位应当依照规定，向劳动者履行如实告知的义务，并协商变更原劳动合同相关条款。

办理工伤保险的事项。工伤保险是指劳动者在工作中或在规定的特殊情况下，遭受意外伤害或者患职业病导致暂时或永久丧失劳动能力以及死亡时，劳动者或者其遗属从国家和社会获得物质帮助的一种社会保险制度。根据社会保险法的规定，工伤保险具有强制性，职工应当参加工伤保险，由用人单位缴纳工伤保险费，职工不缴纳工伤保险费。

禁止订立非法协议。生产经营单位不得以任何形式与从业人员订立协议，免除或者减轻其对从业人员因生产安全事故伤亡依法应承担的责任。

（2）知情权和建议权

知情权。从业人员有权了解其作业场所和工作岗位三方面的情况：一是存在的危险因素；二是防范措施；三是事故应急措施。

建议权。从业人员有权对本单位安全生产工作提出建议。

（3）批评、检举、控告的权利

从业人员有权对本单位安全生产工作中存在的问题提出批评、检举、控告。生产经营单位不得因从业人员对本单位安全生产工作提出批评、检举、控告或者拒绝违章指挥、强令冒险作业而降低其工资、福利等待遇或者解除与其订立的劳动合同。

（4）拒绝违章指挥、强令冒险作业的权利

从业人员有权拒绝违章指挥和强令冒险作业。违章指挥、强令冒险作业是指用人单位的负责人、管理人员或者工程技术人员违反规章、制度和操作规程，或者在明知存在危险、有害因素又没有采取相应的防护措施，开始或继续作业会危及操作人员生命安全健康的情况下，忽视操作人员的安危，不顾操作人员的要求，强迫、命令其进行生产作业。

（5）紧急情况处置权

从业人员发现直接危及人身安全的紧急情况时，有权停止作业或者在采取可能的应急措施后撤离作业场所。

（6）享有工伤保险和救治、获得赔偿的权利

法律规定职工享有工伤保险和伤亡赔偿的权利。只要依法确认职工为工伤，无论责任在谁，都由用人单位负责赔偿和补偿（实行工伤社会保险方式的，由用人单位缴纳保险费）。

因生产安全事故受到损害的从业人员，除依法享有工伤保险外，依照有关民事法律尚有获得赔偿的权利的，有权提出赔偿要求。

（7）接受教育培训的权利

从业人员应当接受安全生产教育和培训，掌握本职工作所需的安全生产知识，提高安全生产技能，增强事故预防和应急处理能力。

（8）获得职业病防治服务的权利

对从事接触职业病危害作业的劳动者，用人单位应当按照规定组织上岗前、在岗期间和离岗时的职业健康检查，并将检查结果书面告知劳动者。职

业健康检查费用由用人单位承担。

被诊断为患有职业病的劳动者,有依法享受国家规定的职业病待遇,接受治疗、康复和定期检查的权利。对不适宜继续从事原工作的职业病患者,用人单位应当将其调离原岗位,并妥善安置。用人单位对从事接触职业病危害作业的劳动者,应当给予岗位津贴。职业病患者的诊疗、康复费用,伤残以及丧失劳动能力的职业病患者的社会保障,按照国家有关工伤保险的规定执行。

(9)提请劳动争议处理的权利

用人单位与劳动者发生劳动争议,当事人可以依法申请调解、仲裁、提起诉讼,也可以协商解决。

2. 职工安全生产义务

(1)遵守规章制度和操作规程的义务

从业人员在作业过程中,应当严格遵守本单位的安全生产规章制度和操作规程,服从管理,正确佩戴和使用劳动防护用品。

(2)掌握安全、卫生知识和技能的义务

从业人员应当接受安全生产教育和培训,掌握本职工作所需的安全生产知识,提高安全生产技能,增强事故预防和应急处理能力。

(3)对事故隐患和职业危害及时报告的义务

从业人员发现事故隐患或者其他不安全因素,应当立即向现场安全生产管理人员或者本单位负责人报告;接到报告的人员应当及时予以处理。

(4)正确佩戴和使用劳动防护用品的义务

为职工提供符合国家标准或者行业标准要求的劳动防护用品,并督促职工正确佩戴和使用,这是用人单位的责任;而正确佩戴和使用劳动防护用品也是职工必须履行的法定义务。

(5)服从管理的义务

从业人员在作业过程中,应当严格遵守本单位的安全生产规章制度和操作规程，服从管理。

3. 安全生产基础知识

（1）高处作业基础知识

高处作业是指在距坠落基准面 2 米及 2 米以上有可能坠落的高处进行的作业。

①高处作业分级

高处作业分为四个级别：一级、二级、三级和特级高处作业。

一级高处作业：高处作业高度在 2 米以上至 5 米时；

二级高处作业：高处作业高度在 5 米以上至 15 米时；

三级高处作业：高处作业高度在 15 米以上至 30 米时；

特级高处作业：高处作业高度在 30 米以上时。

②高处作业注意事项

作业前对作业人员的身体、设施设备的安全、作业许可证、劳动防护用品、作业通信进行检查。

作业中高处作业人员应按照规定穿戴符合国家标准的安全帽、安全带、防滑鞋等个体防护用品。

作业过程中发现高处作业的安全技术设施有缺陷和隐患时，作业单位现场负责人和监护人应及时组织解决；危及人身安全时，应停止作业，并根据应急处置方案内容启动应急和撤离。

高处作业完工后，作业现场负责人应组织清扫现场，作业用的工具、拆卸下的物件及余料和废料应清理运走。

脚手架、防护棚拆除时，应设警戒区，并派专人监护。拆除脚手架、防护棚时不得上部和下部同时施工。高处作业完工后，临时用电的线路应由持有特种作业操作证书的电工拆除。

③高处作业"十不准"

患有高血压、心脏病、贫血、癫痫、深度近视眼等疾病不准登高；

无人监护不准登高；

没有戴安全帽、系安全带、不扎紧裤管时不准登高作业；

作业现场有六级以上大风及暴雨、大雪、大雾不准登高；

脚手架、操作平台、梯子、安全网、防护板等安全设施不牢不准登高；

梯子无防滑措施、未穿防滑鞋不准登高；

不准攀爬井架、龙门架、脚手架，不能乘坐非载人的垂直运输设备登高；

携带笨重物件不准登高；

高压线旁无遮拦不准登高；

光线不足不准登高。

（2）动火作业基础知识

动火作业是指直接或间接产生明火的工艺设备以外的禁火区内可能产生火焰、火花或炽热表面的非常规作业，如使用电焊、气焊（割）、喷灯、电钻、砂轮等进行的作业。

①动火作业的分级

固定动火区外的动火作业一般分为二级动火、一级动火、特殊动火三个级别，遇节日、假日或其他特殊情况，动火作业应升级管理。

②"四不"动火原则

没有经批准的动火证不动火；

动火监护人不在现场不动火；

防火措施不落实不动火；

动火部位、时间与动火证不符不动火。

对不符合"四不动火"要求的，有权拒绝动火。

③动火分析及合格标准

在生产、储存、运输可燃物料的设备、容器及管道上动火，应进行动火分析，分析合格后方可动火。

需要动火的塔、罐、容器等设备和管线，应进行内部和环境气体分析检验，并将分析数据填入作业许可证，分析单附在许可证的存根上。

采样点应具有代表性，采样物质须与动火时物质一致。

动火分析与动火作业间隔一般不超过 30 分钟，如现场条件不允许，间隔时间可适当放宽，但不应超过 60 分钟；作业中断时间超过 60 分钟，应重新分析；每日动火前均应进行动火分析；特殊动火作业期间应随时进行监测。

动火人员不需要进入受限空间时，可作受限空间的可燃物含量分析；动火人员需要进入受限空间时，还需进行受限空间的氧含量和有毒物分析。

分析合格标准。当被测气体或蒸气的爆炸下限大于等于 4% 时，其被测浓度应不大于 0.5%（体积分数）；当被测气体或蒸气的爆炸下限小于 4% 时，其被测浓度应不大于 0.2%（体积分数）。

④动火作业的安全技术措施

申请动火作业前，作业单位应针对动火作业内容、作业环境、作业人员资质等方面进行风险分析，根据风险分析的结果制定相应控制措施，消除或降低作业风险。

动火作业前风险分析的内容要涵盖作业过程的步骤、作业所使用的工具和设备、作业环境的特点以及作业人员的情况等。未实施作业前风险分析、预防控制措施不落实，不能进行作业。

实施动火作业前，应进行如下检查。检查电焊、气割等器具是否安全可靠，不得带病使用；动火作业现场周围的易燃易爆物质应清理干净，与动火作业的设备相连的管线或装置等，应采取拆离、加盲板等可靠的隔离措施；距动火点 15 米内所有的漏斗、排水口、各类井口、排气管、管道、地沟等应封严盖实。

动火作业区域应设置警戒，严禁与动火作业无关的人员或车辆进入动火区域。必要时，动火现场应配备消防车及医疗救护设备和器材。

动火作业前，应对动火点或作业区域的可燃气体浓度进行检测。需要动火的塔、罐、容器、槽车等设备和管线，经过清洗、置换和通风后，还应检测可燃气体、有毒有害气体、氧气浓度，符合要求时才能进行动火作业。气体检测的位置和采样点应具有代表性，必要时分析样品应保留到作业结束。用于检测气体的检测仪应在校验有效期内，并在每次使用前与其他同类型检测仪进行比对检查，以确定其处于正常工作状态。

动火作业过程中，应严格按照安全措施或方案的要求进行作业。

动火作业人员应处于动火点上风向位置，避开易燃易爆介质、封堵物等危险物质的喷射。特殊情况时，应采取围挡措施并控制火花飞溅。

气焊（割）动火作业时，氧气瓶与乙炔气瓶的间隔不小于 5 米，且乙炔气瓶严禁卧放。气瓶与动火作业地点距离不得小于 10 米。

动火作业过程中，应根据管理规定或作业方案中要求的气体检测时间和频次进行检测，填写检测记录，注明检测的时间和检测结果。

动火作业过程中，动火监护人应坚守作业现场。监护人发生变化需经批准。

动火作业结束后，作业人员和监护人应收拾工具、整理现场，关掉电源、气源等能量源。搬离动火设备，熄灭余火，确认无遗留火种、火源隐患后，方可离开作业现场，并及时关闭作业许可证。

（3）临时用电作业基础知识

除按标准成套配置的，有插头、连线、插座的专用接线排和接线盘以外的，所有其他用于临时性用电的电缆、电线、电气开关、设备等组成的供电线路为非标准配置的临时性用电线路，简称临时用电线路。

特别提示：超过 6 个月的用电，不能视为临时用电，必须按照相关工程设计规范配置线路。

临时用电作业时，如果没有有效的个人防护装备和防护措施、设备，容易发生触电、电弧烧伤等，造成人员伤亡，同时还有可能造成火灾爆炸。

临时用电管理要求如下：

安装、巡检、维修或拆除临时用电线路的作业，应由具备相应资质和能力的电工进行，并应有人监护。

工作人员必须按规定做好个人防护。

使用周期在1个月以上的临时用电线路，应采用架空方式安装，并满足以下要求：

临时用电线路选择要合理，避开热力管线、易碰、易撞、易受雨水冲刷、振动和气体腐蚀地带，确实无法避开的应采取相应的防护措施。

架空线路应设在专用电杆或者支架上，严禁设在树木、脚手架及临时设施上。

架空线路距地面不得低于2.5米，跨越道路时不得低于5米。

（4）受限空间作业基础知识

受限空间是指进出口受限，通风不良，可能存在易燃易爆、有毒有害物质或缺氧，对进入人员的身体健康和生命安全构成威胁的封闭、半封闭设施及场所，如反应器、塔、釜、槽、罐、炉膛、锅筒、管道以及地下室、窨井、坑（池）、下水道或其他封闭、半封闭场所。

受限空间作业是指作业人员进入或探入受限空间进行的作业。

①安全操作规程

按照"先检测、后作业"的原则，凡要进入受限空间危险作业场所作业，必须根据实际情况事先测定其氧气、有害气体、可燃性气体、粉尘的浓度，符合安全要求后方可进入。

确保受限空间危险作业现场的空气质量。氧气含量应在18%以上，23.5%以下。其有害有毒气体、可燃性气体、粉尘容许浓度必须符合国家标准。检查受限空间内部时，检测人员应佩戴隔离式呼吸器。检测合格后，办理受限空间许可证方可进行作业。

在受限空间危险作业进行过程中，应加强通风换气，严禁用纯氧进行通风换气，在氧气浓度、有害气体、可燃性气体、粉尘的浓度可能发生变化的危险作业中应保持必要的测定次数或连续检测。

作业时所用的一切电气设备，必须符合有关用电安全技术操作规程。照明或电动工具应在 24 V 安全电压以下，使用超过安全电压的手持电动工具，必须按规定配备漏电保护器。

有可燃性气体或可燃性粉尘存在的作业现场，所有的检测仪器、电动工具、照明灯具等，必须使用符合《爆炸危险环境电力装置设计规范》要求的防爆型产品。

对由于防爆、防氧化不能采用通风换气措施或受作业环境限制不易充分通风换气的场所，作业人员必须配备并使用空气呼吸器或软管面具等隔离式呼吸保护器具。

作业人员进入受限空间危险作业场所作业前和离开时应准确清点人数及工具，作业人员在受限空间内作业时，监护人员不得离开。

如果作业场所的缺氧危险可能影响附近作业场所人员的安全时，应及时通知这些作业场所的有关人员。

严禁无关人员进入受限空间危险作业场所，并应在醒目处设置警示标志。

难度大、劳动强度大、时间长的受限空间作业应采取轮换作业方式。最长作业时限不应超过 24 小时，特殊情况超过时限的应办理作业延期手续。

作业结束后，受限空间所在单位和作业单位共同检查受限空间内外，确认无问题后方可封闭受限空间。

②受限空间内的气体浓度监测要求

作业前 30 分钟内，应对受限空间进行气体分析，分析合格后方可进入；如现场条件不允许，时间可适当放宽，但不应超过 60 分钟。

监测点应有代表性，容积较大的受限空间，应对上、中、下各部位气体浓度进行监测分析。

作业中应定时监测气体浓度，至少每 2 小时监测一次，如监测分析结果有明显变化，应立即停止作业，撤离人员，对现场进行处理，分析合格后方可恢复作业。

对可能释放有害物质的受限空间，应连续监测，情况异常时应立即停止作业，撤离人员，对现场进行处理，分析合格后方可恢复作业。

涂刷具有挥发性溶剂的涂料时，应做连续分析，并采取强制通风措施。

作业中断时间超过 60 分钟时，应重新进行分析。

（5）作业过程十大安全规定

①起重吊装作业中的"十不吊"原则

超载或被吊物重量不清不吊；

指挥信号不明确不吊；

捆绑、吊挂不牢或不平衡，可能引起滑动时不吊；

被吊物上有人或浮置物时不吊；

结构或零部件有影响安全工作的缺陷或损伤时不吊；

遇有拉力不清的埋置物件时不吊；

工作场地昏暗，无法看清场地、被吊物和指挥信号时不吊；

被吊物棱角处与捆绑钢绳间未加衬垫时不吊；

歪拉斜吊重物时不吊；

容器内装的物品过满时不吊。

②电焊气割"十不干"

无特种作业操作证，不焊割；

雨天、露天作业无可靠安全措施，不焊割；

装过易燃、易爆物品的容器，未进行彻底清洗、未进行可燃浓度检测，不焊割；

在容器内工作无 12 V 低压照明和通风不良，不焊割；

设备内无断电，设备未卸压，不焊割；

作业区周围有易燃易爆物品未清除干净，不焊割；

焊体性质不清、火星飞向不明，不焊割；

设备安全附件不全或失效，不焊割；

锅炉、容器等设备内无专人监护、无防护措施，不焊割；

禁火区内未采取安全措施、未办理动火手续，不焊割。

③电气安全"十不准"

无证电工不准安装电气设备；

任何人不准玩弄电气设备和开关；

不准使用绝缘损坏的电气设备；

不准利用电热设备和灯泡取暖；

任何人不准启动挂有警告牌和拔掉熔断器的电气设备；

不准用水冲洗和擦拭电气设备；

熔丝熔断时不准调换容量不符的熔丝；

不准在埋有电缆的地方未办任何手续打桩动土；

有人触电时应立即切断电源，在未脱离电源前不准接触触电者；

雷电时不准接触避雷器和避雷针。

④施工现场"十不准"

不戴安全帽，不准进现场；

酒后和带小孩不准进现场；

井架等垂直运输不准乘人；

不准穿拖鞋、高跟鞋及硬底鞋上班；

模板及易腐材料不准作脚手板使用，作业时不准打闹；

电源开关不能一闸多用，未经训练的职工不准操作机械；

无防护措施不准高空作业；

吊装设备未经检查（或试吊）不准吊装，下面不准站人；

木工场地和防火禁区不准吸烟；

施工现场各种材料应分类堆放整齐,做到文明施工。

4. 应急救援基础知识

(1) 应急救援概述

①突发事件的概念及分级

突发事件是指突然发生,造成或者可能造成严重社会危害,需要采取应急处置措施予以应对的自然灾害、事故灾难、公共卫生事件和社会安全事件。

突发事件具有突发性、不确定性、破坏性、衍生性、扩散性、社会性、周期性等特点。

各类突发事件按照其社会危害程度、影响范围、突发事件性质和可控性等因素,一般分为特别重大、重大、较大和一般四个级别。

②应急管理的概念

应急管理是指政府及其他公共机构在突发事件的事前预防、事发应对、事中处置和善后管理过程中,通过建立必要的应急机制,采取一系列必要措施,保障公众生命财产安全,促进社会和谐健康发展的有关活动。应急管理是对突发事件的全过程管理,根据突发事件的预警、发生、缓解和善后四个发展阶段,应急管理可分为预测预警、识别控制、紧急处置和善后管理四个过程。应急管理又是一个动态管理过程,包括预防、准备、响应和恢复四个阶段,均体现在管理突发事件的各个阶段。应急管理工作内容概括起来叫作"一案三制"。"一案"是指应急预案,就是根据发生和可能发生的突发事件,事先研究制定的应对计划和方案。应急预案包括各级政府总体预案、专项预案和部门预案以及基层单位的预案和大型活动的单项预案。"三制"是指应急工作的管理体制、运行机制和法制。

③应急救援的基本任务

立即组织营救受害人员,组织撤离或者采取其他措施保护危害区域内的其他人员。抢救受害人员是应急救援的首要任务。

迅速控制事态，并对事故造成的危害进行检测、监测，测定事故的危害区域、危害性质及危害程度。及时控制住造成事故的危险源是应急救援工作的重要任务。

消除危害后果，做好现场恢复。

查清事故原因，评估危害程度。

④应急预案和演练

应急预案是指各级人民政府及其部门、基层组织、企事业单位、社会团体等为依法、迅速、科学、有序应对突发事件，最大限度减少突发事件及其造成的损害而预先制定的工作方案。

应急演练是指各级政府部门、企事业单位、社会团体，组织相关应急人员与群众，针对特定的突发事件假想情景，按照应急预案所规定的职责和程序，在特定的时间和地域，执行应急响应任务的训练活动。

（2）常见意外伤害的应急处置

①触电伤害的应急处置

低压触电者脱离电源的方法。对于低压触电事故，应迅速使触电者脱离电源，以下方法可以脱离电源：

立即拉掉开关或拔出插销，切断电源。

如果找不到电源开关，可用有绝缘把的钳子或用木柄的斧子断开电源线；或用木板等绝缘物插入触电者身下，以隔断流经人体的电流。

当电线搭在触电者身上或被压在身下时，可用干燥的衣服、手套、绳索、木板等绝缘物作为工具，拉开触电者或挑开电线。

如果触电者的衣服是干燥的，又没有紧缠在身上，可以用一只手抓住他的衣服脱离电源，但不得接触带电者的皮肤和鞋。

高压触电者脱离电源的方法。对于高压触电者，可采用下列方法使其脱离电源：

立即通知有关部门停电。

戴上绝缘手套，穿上绝缘鞋用相应电压等级的绝缘工具断开开关。

抛掷裸金属线使线路接地，迫使保护装置动作，断开电源。注意抛掷金属线时先将金属线的一端可靠接地，然后抛掷另一端，注意抛掷的一端不可触及触电者和其他人。在抢救过程中，要遵循下列注意事项：

救护人员必须使用适当的绝缘工具。

救护人员要用一只手操作，以防自己触电。

当触电者在高处的情况下，应防止触电者脱离电源后可能的摔伤。

②机械伤害的应急处置

伤害事故发生后，要立即停止现场活动，将伤员放置于平坦的地方，现场有救护经验的人员应立即对伤员的伤势进行检查，然后有针对性地进行紧急救护。

在进行上述现场处理后，应根据伤员的伤情和现场条件迅速转送伤员。转送伤员非常重要，搬运不当，可能使伤情加重，严重时还能造成神经、血管损伤，甚至瘫痪，以后将难以治疗，并给伤员带来终身的痛苦。所以转送伤员时要十分注意。

如果伤员伤势不重，可采用背、抱、扶的方法将伤员转移。如果伤员伤势较重，有大腿或脊柱骨折、大出血或休克等情况时，就不能用以上方法转送伤员，一定要把伤员小心地放在担架或木板上抬送。把伤员放置在担架上转送时动作要平稳。上、下坡或楼梯时，担架要保持平衡，不能一头高，一头低。伤员应头在后，这样便于观察伤员情况。在事故现场没有担架时，可以用椅子、长凳、衣服、竹子、绳子、被单、门板等制成简易担架使用。对于脊柱骨折的伤员，一定要用硬木板做的担架抬送。将伤员放在担架上以后，使其平卧，腰部垫一件衣服，然后用东西把伤员固定在木板上，以免在转送的过程中滚动或跌落，造成脊柱移位或扭转，刺激血管和神经，使其下肢瘫痪。

现场应急总指挥立即联系救护中心，要求紧急救护并向上级汇报，保护事故现场。

（3）中暑的急救措施

搬移。迅速将患者抬到通风、阴凉、干爽的地方，使其平卧并解开衣扣，松开或脱去衣服，如衣服被汗水湿透应更换衣服。

降温。患者头部可捂上冷毛巾，可用浓度为50%的酒精、白酒、冰水或冷水进行全身擦拭，然后用电扇吹风，加速散热，有条件的也可用降温毯给予降温，但不要快速降低患者体温，当体温降至38℃以下时，要停止一切冷敷等强降温措施。

补水。患者仍有意识时，可给一些清凉饮料，在补充水分时，可加入少量盐或直接饮用小苏打水。但千万不可急于补充大量水分，否则会引起呕吐、腹痛、恶心等症状。

促醒。若患者已失去知觉，可指掐人中、合谷等穴位，使其苏醒。若呼吸停止，应立即实施人工呼吸。

转送。对于重症中暑患者，必须立即送医院诊治。搬运患者时，应用担架运送，不可使患者步行，同时运送途中要注意，尽可能地用冰袋敷于患者额头、枕后、胸口、肘窝及大腿根部，积极进行物理降温，以保护大脑、心肺等重要脏器。

5. 职业健康基础知识

（1）生产工艺过程中产生的有害因素

①化学因素

有毒有害物质。生产性毒物主要包括铅、锰、铬、汞、有机氯农药、有机磷农药、一氧化碳、二氧化碳、硫化氢、甲烷、氨、氮氧化物等。接触或在含这些毒物的环境中作业，可能引起多种职业中毒，如汞中毒、苯中毒等。

生产性粉尘。生产性粉尘主要包括滑石粉尘、铅粉尘、木质粉尘、骨质粉尘、合成纤维粉尘。长期在这类生产性粉尘的环境中作业，可能引起各种尘肺，如石棉肺、煤肺、金属肺等。

②物理因素

噪声和振动。强烈的噪声作用于听觉器官，可引起职业性耳聋等疾病；长期在强烈振动环境中作业，会引起振动病。

非电离辐射，如紫外线、红外线、射频辐射、激光等。

异常气象条件，如高温、高湿、低温。

异常气压。高气压和低气压。潜水作业在高压下进行，可能引发减压病；高山和航空作业可能引发高山病或航空病。

电离辐射，包括放射性同位素、放射线（如 X 射线）。

③生物因素

附着于皮毛上的炭疽杆菌、蔗渣上的真菌等。

（2）劳动过程中的有害因素

工作组织和制度不合理，如不合理的工作作息制度等。

精神（心理）性职业紧张。

劳动强度过大或生产定额不当，如安排的作业或任务与劳动者生理状况或体力不相适应。

个别器官或系统过度紧张，如视力紧张等。

长时间处于不良体位或使用不合理的工具等，如不符合人机工效学设计要求的显示装置、控制台和座椅等。

（3）生产环境中的有害因素

自然环境中的因素，如炎热季节的太阳辐射。

厂房建筑或布局不合理，如采光照明不足，通风不良，有毒与无毒的工段安排在同一车间。

工作过程不合理或管理不当所致环境污染，如氯碱厂泄漏氯气，处于下风侧的无毒生产岗位的工人，吸入了氯气。

（4）尘肺危害及预防

生产性粉尘引起的职业病中，以尘肺最为严重。尘肺是人们在工农业生产中由于长期吸入生产性粉尘所引起的以肺组织纤维病变为主的全身性疾病。《职业病分类和目录》列出了13种法定尘肺，即硅肺、煤工尘肺、石墨尘肺、炭黑尘肺、石棉肺、滑石尘肺、水泥尘肺、云母尘肺、陶工尘肺、铝尘肺、电焊工尘肺、铸工尘肺及根据《尘肺病诊断标准》和《尘肺病理诊断标准》可以诊断的其他尘肺病。

尘肺是完全可以预防的，关键在于防尘。防尘工作做好了，劳动环境中的粉尘浓度就会大幅度下降，达到国家规定的卫生标准，就基本上可以防止尘肺的发生。防尘的主要措施有以下几种：

改革工艺过程，革新生产设备，是消除粉尘危害的根本途径。应从生产工艺设计、设备选择以及产尘工艺等各个环节做起。如采用封闭式风力管道运输、负压吸砂等消除粉尘飞扬，用无砂物质代替石英等。

湿式作业是一种经济易行的防止粉尘飞扬的有效措施。凡是可以湿式生产的作业均可使用。例如，矿山的湿式凿岩、冲刷巷道、净化进风等，石英、矿石等的湿式粉碎或喷雾洒水，玻璃陶瓷业的湿式拌料，铸造业的湿砂造型、湿式开箱清砂、化学清砂等。

密闭、吸风除尘。对不能采取湿式作业的产尘岗位，应采用密闭吸风除尘方法。凡是能产生粉尘的设备均应尽可能密闭，并用局部机械吸风，使密闭设备内保持一定的负压，防止粉尘外溢。抽出的含尘空气必须经过除尘净化处理，才能排出，避免大气污染。

在进行工艺改革和采取防尘技术措施控制扬尘的同时，还必须从以下几方面做好自防工作：

加强个体防护。在生产环境粉尘浓度暂时不能降到容许浓度以下时，佩戴防尘口罩防止粉尘危害就成为重要的防护措施。正确使用其他防护用品也是防止粉尘接触的有效手段。

保护尘肺患者能得到合适的安排，享受国家政策允许的应有待遇，对其应进行劳动能力鉴定，并妥善安置。

加强硅肺患者的自身抵抗力，如经常到空气新鲜的地方锻炼身体；有条件的应定期疗养，加强食物营养，经常吃些含蛋白质、维生素较高的食物。

定期体检，目的在于早期发现粉尘对健康的损害，若发现有不宜从事粉尘作业的疾病时，应及时调离。对新从事粉尘作业的工人，必须进行健康检查。

（5）生产性毒物的防护、急救与治疗

①接触生产性毒物作业人员的个体防护

个体防护在防毒综合措施中起辅助作用，但在特殊场合下具有重要作用，例如进入高浓度毒物污染的密闭容器操作时，佩戴正压式空气呼吸器就能保护操作人员的健康安全，避免发生急性中毒。应根据工作场所存在毒物的种类、浓度（剂量）选择适合的呼吸防护器材。每个接触毒物的作业人员都应学会使用，掌握注意事项。常用的有隔离式防毒面具、过滤式防毒面具、防毒口罩和正压式空气呼吸器等。为防止毒物沾染皮肤，接触酸碱等腐蚀性液体及易经皮肤吸收的毒物时，应穿耐腐蚀的工作服，戴橡胶手套、工作帽，穿胶鞋。为了防止眼损伤，可佩戴防护眼镜。

②职业中毒的急救和治疗原则

职业中毒的治疗可分为病因治疗、对症治疗和支持治疗三类。病因治疗的目的是尽可能消除或减少致病的物质基础，并针对毒物致病的发病机理进行处理。对症处理是缓解毒物引起的主要症状，促使人体功能恢复。支持疗法可改善患者的全身状况，使患者早日恢复健康。

③急性职业中毒

现场急救。立即将患者搬离中毒环境，尽快将其移至上风向或空气新鲜的场所，保持呼吸道通畅。若患者衣服、皮肤已被毒物污染，为防止毒物经皮肤吸收，需脱去污染的衣物，用清水彻底冲洗受污染的皮肤（冬天宜用温水)。如污染物为遇水能发生化学反应的物质，应先用干布抹去污染物后，再用水冲洗。在救治中，对中毒者应做好保护心、肺、脑、眼等的现场救治。对重症患者，应严密观察其意识状态、瞳孔、呼吸、脉搏、血压。若发现呼吸、循环有障碍时，应及时进行复苏急救，具体措施与内科急救原则相同。对严重中毒需转送医院者，应根据症状采取相应的转院前救治措施。

阻止毒物继续吸收。患者到达医院后，如发现现场紧急清洗不够彻底，则应进一步清洗。对吸入气体或蒸气的中毒者，可给予吸氧。对经口中毒者，应立即采用引吐、洗胃、导泻等措施。

解毒和排毒。对中毒患者应尽早使用有关的解毒、排毒药物，若毒物已造成严重的器质性损害时，其疗效有时会明显降低。必要时，可用透析疗法和换血疗法清除体内的毒物。

对症治疗。由于针对病因的特效解毒剂的种类有限，因而对症疗法在职业中毒的治疗中极为重要，主要目的在于保护体内重要器官的功能，解除病痛，促使患者早日康复，有时是为了挽救患者的生命，其治疗原则与内科处理类同。

慢性职业中毒。早期常为轻度可逆性功能性病变，而继续接触则可演变成严重的器质性病变，应及早诊断和处理。中毒患者应脱离毒物接触，使用有关的特效解毒剂，如常用的金属络合剂。应针对慢性中毒的常见症状，如类神经症、精神症状、周围神经病变、白细胞降低、接触性皮炎以及慢性肝、肾病变等，进行相应的对症治疗。此外，适当的营养和休息也有助于患者康复。

慢性中毒经治疗后，对患者应进行劳动能力鉴定，并做合理的工作安排。

④急性职业中毒的现场处理措施

急性职业中毒病情发展很快，现场处理是对中毒者的第一步处理。

切断毒源，包括关闭阀门、加隔板、停车、停止送气、堵塞漏气设备，使毒物不再继续侵入人体，扩散、逸散的毒气应尽快采取抽毒或排毒、引风吹散或中和等办法处理。如氯泄漏可用废氨水喷雾中和，使之生成氯化钠。

调查清楚毒物种类、性质，采取相应保护措施。既要抢救别人，又要保护自己，莽撞闯入中毒现场只能造成更大损伤。

尽快使患者脱离中毒现场后，松开领扣、腰带，让其呼吸新鲜空气。迅速脱掉被污染的衣物，清水冲洗皮肤15分钟以上，或用温水、肥皂水清洗，注意保暖。有条件的厂矿卫生所，应立即针对毒物性质给予解毒和驱毒剂，使进入体内的毒物尽快排出。

发现患者呼吸困难或停止时，应进行人工呼吸（氰化物类剧毒中毒时，禁止采用口对口人工呼吸法）。有条件的加压给氧，针刺人中、百会、十宣等穴位，注射呼吸兴奋剂。

心搏骤停者，立即进行胸外心脏按压，心脏注射"三联针"。

发生3人以上中毒事故，要注意分类，先重者后轻者，注意现场的抢救指挥，防止乱作一团。对危重者尽快转送医疗单位急救，在转运途中注意观察呼吸、心跳、脉搏等变化，并重点而全面地向医生介绍中毒现场的情况，以利于准确无误地制定急救方案。

在急救过程中，对急性职业中毒者应密切观察病情，有效地对症治疗，力争最佳的治疗效果，防止产生各种后遗症。

（6）安全色与安全标志

①安全色的含义及用途

安全色包括红色、蓝色、黄色和绿色四种颜色，含义及用途见表7-1。

表 7-1 安全色的含义及用途

颜色	含义	用途举例
红色	传递禁止、停止、危险或提示消防设备、设施的信息	消防设备标志 危险信号旗 停止信号：机器、车辆上的紧急停止手柄或按钮，以及禁止人们触动的部位
蓝色	传递必须遵守规定的指令性信息	如必须佩戴个人防护用具 道路上指引车辆和行人行进方向的指令
黄色	传递注意、警告的信息	如厂内危险机器和坑池周围的警戒线 行车道中线 机械上齿轮箱内部、安全帽
绿色	传递安全的提示性信息	车间内的安全通道 行人和车辆通行标志 消防设备和其他安全防护设备的位置

注：1. 蓝色只有与几何图形同时使用时，才表示指令。
    2. 为了不与道路两旁绿色行道树相混淆，道路上的提示标志用蓝色。

②对比色规定

为使安全色更加醒目，使用对比色为其反衬色，见表 7-2。

表 7-2 安全色的对比色

安全色	相应的对比色
红色	白色
蓝色	白色
黄色	黑色
绿色	白色

③安全色与对比色的相间条纹

用安全色和其对比色制成的间隔条纹标示，能显得更加清晰醒目。间隔的条纹标示有红色与白色相间条纹、黄色与黑色相间条纹、蓝色与白色相间条纹和绿色与白色相间条纹,相间条纹为等宽条纹,倾斜约45°。常用间隔条纹标示的含义和用途见表7-3。

表7-3 常用间隔条纹标示的含义与用途

颜色	含义	用途举例
白色　红色	禁止越过 提示消防设备、设施位置	道路上用的防护栏杆
黄色　黑色	警告危险	工矿企业内部的防护栏杆 铁路和道路的交叉道口上的防护栏杆

④安全标志的分类和作用

安全标志分为禁止标志、警告标志、指令标志和提示标志四大类型。

一是禁止标志。禁止标志的作用是禁止人们的不安全行为,见图7-1。

图7-1 禁止标志

图 7-1　禁止标志（续）

二是警告标志。警告标志的作用是提醒人们对周围环境引起注意，以避免可能发生的危险，见图 7-2。

图 7-2　警告标志

图 7-2 警告标志（续）

三是指令标志。指令标志的作用是强制人们必须做出某种动作或采取防范措施，见图 7-3。

图 7-3　指令标志

四是提示标志。提示标志的作用是向人们提供某种信息（如标明安全设施或场所等），见图 7-4。

图 7-4　提示标志

图 7-4　提示标志（续）

二　"安康杯"竞赛职工安全教育的主要形式

在"安康杯"竞赛过程中，工会组织要围绕提高职工的安全意识和安全知识技能，结合生产实际积极探索有效开展"安康杯"竞赛职工安全教育的新途径和新方法，做好安全教育工作。安全生产教育的形式多样，如安全活动日、班前班后安全会、安全会议、讲课以及座谈、安全知识考核、安全技术报告交流、开展安全竞赛及事故现场会、安全教育陈列室、安全卫生展览、宣传挂图、安全教育电影、电视以及幻灯片、宣传栏、警示牌、横幅标语、宣传画、安全操作规程牌、黑板报、简报等。

1. 集中进行课堂培训

组织职工观看违规违章存在重大事故隐患现场录像，结合事故案例讲评分析违章指挥、违章操作、违反劳动纪律的危害性，并同时播放规范标准作业录像进行强化对比教育。

2. 演练

在安全培训教育过程中，有些技术性的问题单纯靠课堂上的理论讲解是难以掌握的，必须配合实际的演示和训练。演示就是指导者向受教育者展示各种实物或其他直观教具，进行示范实验，或者在现场进行实际的操作示范。训练就是受教育者在指导者的帮助下,进行实际操作。有条件时还可开展模拟演习训练,如事故抢救演习、急救演习、消防演习等。模拟演习是一种很好的教育训练方法,能使受教育者学习到那些"只能意会,不能言传"的东西。由于模拟的情况与现实工作、生活的实际情况基本一致,还可使受教育者"身临其境"地运用自己掌握的安全知识和技能。

3. 班前班后安全活动

这种活动作为安全教育与培训的重要补充,应予以充分重视。班组成员通过了解当日存在的危险源及采取的相应措施,作为自己在工作时的指南,当天作业完成后由班组长牵头对组员进行安全讲评。

4. 安全竞赛及安全活动

利用安全知识竞赛、演讲会、研讨会、座谈会等多种形式进行广泛的教育。许多企业开展"百日无事故竞赛""安全生产××天"等多种形式的活动,把安全竞赛列入企业的安全计划,在车间班组进行安全竞赛,对优胜者给予奖励,可以提高职工安全生产的积极性。

5. 参观展览

把安全工作中的好人好事、先进单位和个人的先进经验、先进技术以及事故现场情形、事故的损失程度、伤亡者的惨状等,用图片、照片、实物等形式集中起来展览,组织职工参观,通过正反实例对比进行宣传教育。实践证明,这种教育效果较为理想。

6. 开展多形式的安全宣传

集中制作成安全宣传展板,利用网络平台、板报、安全读物、幻灯和电影等形式进行安全宣传,营造良好的学习氛围。

"安康杯"竞赛职工安全教育的考核要求

考核是评价培训效果的重要环节,依据考核结果,可以评定职工接受培训的认知程度和采用的教育与培训方式的适宜程度,也是改进安全与培训效果的重要反馈渠道。

1. 考核制度

应设置完备的考核制度,如签到、签退、回答问题、闭卷考试、补考制度等;建立安全教育档案,并与奖罚挂钩。

2. 考核的形式

(1)书面形式开卷。这种考试形式对考场纪律要求不严,在监考教师不足的情况下,是一种较好的选择。考试环境相对宽松,考生心理相对比较放松。适宜普及性培训的考核,如针对一般性操作工人的安全教育培训。

(2)书面形式闭卷。这种形式试题的提问角度比较简单,多数是能从书面上直接找到答案的问题,这种考试形式有利于考查考生的识记、理解和应用能力,也是对考生多方面基本能力素质的考查。适宜专业性较强的培训,如管理人员和特殊工种人员的年度考核。

(3)计算机联考。是将试卷按系统实现方法编制好计算机程序,并放在企业局域网上,公司管理人员或特殊工种人员可以通过在本地网或通过远程登录的方式在计算机上答题。

(4)现场技能考核。分为考生身份验证、考试信息设置、组卷、答案提交几个步骤。这种方式以现场操作为主,然后参照相关标准对操作的结果进行考核。

3. 安全生产教育培训评估

开展安全培训效果评估的目的,是为改进安全教育与培训的诸多环节提供信息输入。评估主要从间接培训效果、直接培训效果和现场培训效果三个方面进行。

（1）间接培训效果。主要是在培训结束后通过问卷的方式，对培训采取的方式、培训的内容、培训的技巧进行评价。

（2）直接培训效果。评价依据主要为考核结果，以参加培训的人员的考核分数来确定安全教育与培训的效果。

（3）现场培训效果。主要以在生产过程中出现的违章情况和发生的安全事故的频率，来确定培训的效果。

第 8 章
"安康杯"竞赛活动的企业班组建设

班组是企业的最基层组织，也是安全管理的出发点和落脚点。把"安康杯"竞赛的工作着力点放在班组上，使之有效融入班组安全建设，成为班组管理的重要内容，对于发挥群防群控群治作用、助推企业安全生产状况持续稳定好转具有重要作用和意义，符合竞赛向精细化管理方向深化的要求，切实可行。

"安康杯"竞赛企业班组建设的重点内容

1. 班组组织建设

首先必须充分认识班组建设的重要意义和作用，做到思想认识到位、组织措施落实到位，根据本单位具体情况成立班组建设领导小组。领导小组由组长、副组长、专家指导及班组成员构成。

（1）组织形式

班组建设秉承全员参与的目的，提升人员组织参与能力，特设置安全委员、技术委员、6S督导员、学习委员、活动委员、宣传委员等职能，给予每个成员展示的平台，组织实施亲自参与的机会，并且做好职能职责，带动其他职工共同努力、共同进步，形成互助、互比、你追我赶的班组氛围。

（2）职能描述

①安全委员负责日常工作、班组活动全局安全事宜，指导、督促成员安全工作。

②技术委员在日常工作中、班组活动中提供技术支持，并以身作则，传

授班组成员技术要领。

③6S督导员以6S方针严格要求，督促、检查6S执行情况。

④学习委员定期组织班组成员进行专业类、综合类、素养类等类别书籍的学习，并管理学习区域，办理图书借阅事宜。

⑤活动委员积极组织成员参与公司的各项活动、班组活动。

⑥宣传委员负责班组建设园各板块内容的发布，收集整理所需资料、图片，充分利用宣传工具搞好宣传鼓动工作，组织策划相关事宜。

2. 班组制度建设

作为企业最小的部门——班组，各项工作都要通过它去落实。加强班组基础建设、完善各项管理制度是做好班组工作的依据和保障，也是做好本职工作的基础。通过建立健全规章制度，规范班组运作，使其在企业发展经营中的作用更加科学化、程序化、规范化。

建立班组制度是班组建设的重要组成部分，健全完善的班组制度是做好班组工作的基础，是加强班组工作的条件，是促进班组建设的有力保证。因此，要建立完善班组安全生产管理规章制度。主要包括班组长及各岗位人员安全生产责任制度、班前班后会制度、交接班制度、班组安全生产标准化制度、隐患排查治理报告制度、文明生产管理制度、学习培训制度、班组安全承诺制度、民主管理班务公开制度、安全绩效考核制度等。

3. 班组安全教育培训

（1）班组安全教育的种类

①新进人员和变换工种人员教育。新调入班组的职工（包括学徒工、临时工、合同工、代培、实习生）和变换工种的职工，要经厂、车间、班组三级安全教育。班组安全教育由班组长或班组安全员进行。教育后应进行登记。

②全员安全教育。为使全体职工牢固树立"安全第一"的思想，不断提高安全意识和操作技能，除企业每年应进行一次全员安全教育和考试外，班组每年至少应进行两次，并进行登记。

③复工教育。凡工伤假、病假、产假、学习、借调到外单位工作，离开生产岗位三个月以上的职工，上岗前均应结合班组情况进行安全生产思想教育，并进行登记。

④"四新"教育。试制新产品、采用新工艺、新设备、新材料等或当生产条件发生变更时，必须制定新的安全技术操作规程，并对操作工人进行安全技术教育后方能生产。

⑤特种作业人员教育。特种作业人员除按国家有关规定进行安全技术培训、复训外，班组还应加强对他们的日常教育，并对他们的培训和复训情况进行登记。

（2）班组安全教育的基本内容

①方针政策教育。对广大职工进行党和政府有关安全生产的方针、政策、法令、法规、制度的宣传教育，通过教育提高政策水平和法制观念。

②操作与纪律教育。进行本工种岗位安全操作及班组安全制度、纪律教育，主要内容是：本班组作业特点及本工种安全操作规程；班组安全活动制度及安全活动要求；经常使用的设备、安全装置、工具、仪器的使用要求和预防事故；爱护和正确使用安全防护装置（设施）及个人劳动防护用品的使用和维护知识；本岗位易发生事故的不安全因素及其防范对策；本岗位的作业环境及使用的机械设备，工具的安全要求；文明生产的要求及安全操作示范。

③安全十须知教育。主要包括一个方针：安全第一，预防为主。两条守则：岗位职责；操作规程。三不伤害：不伤害自己；不伤害他人；不被人伤害。四不放过：事故原因未查清不放过；事故责任者和领导责任未追究不放过；广大职工未得到教育不放过；防范措施未落实不放过。五个须知：知道本单位安全工作重点部位；知道本单位安全责任体系和管理网络；知道本单位安全操作规程和标准；知道本单位存在的事故隐患和防范措施；知道并掌握事故抢险预案。六个不变：坚持"安全第一"的思想不变；企业法人代表

作为安全生产第一责任人的责任不变；行之有效的安全规章制度不变；从严强化安全生产力度不变；安全生产一票否决的原则不变；充分依靠职工的安全生产管理办法不变。七个检查：查认识；查机构；查制度；查台账；查设备；查隐患；查措施。八个结合：建立约束机制与激励机制相结合；突出重点与兼顾全面相结合；职能部门管理与齐抓共管相结合；防微杜渐与突出保障体系相结合；弘扬安全文化与常抓不懈相结合；安全检查与隐患整改相结合；落实责任制度与完善责任追究制相结合；强化安全管理与推行安全生产确认制相结合。九个到位：领导责任到位；教育培训到位；安管人员到位；规章执行到位；技术技能到位；防范措施到位；检查力度到位；整改处罚到位；全员意识到位。十大不安全心理因素：侥幸；麻痹；偷懒；逞能；莽撞；心急；烦躁；赌气；自满；好奇。

4. 班组安全文化建设

加强企业班组安全建设，营造良好的安全文化氛围，规范人的安全行为，使企业实现安全生产保障。

安全文化是企业文化的重要组成部分，也是安全管理工作的主要表现形式，加强安全文化建设是确保企业文化建设协调发展的重要前提和基础。实践证明，企业班组建设需要安全文化，安全文化也只有与班组建设的实践相结合，才能充满生机和活力。安全文化是长期积淀形成的，班组安全文化建设也应是一个逐步完善的过程。

（1）抓好班组安全文化建设

①提高职工的安全意识

积极营造良好的班组安全文化氛围，着力提高班组管理的水平。始终把安全文化建设与日常安全管理工作有机结合起来，着重培养班组群体的安全价值观和安全生产的主人翁意识。通过动员全班人人讲、个个想、说身边的人、写身边的事、开展安全评估、安全征文、安全演讲、危险点排查、事故原因分析、生命价值研讨等形式，让班员认清安全源于警惕、事故出于麻痹，认识到发生事故对己、对人、对家庭、对企业、对国家不利的道理，不断由浅入深形成安全文化理念，才能逐步实现从"要我安全"到"我要安全"的转变，使"安全是职工最大福利"的思想深入人心，这也是安全文化建设的核心。

②加强优秀的制度文化建设

为班组安全管理提供必要的组织保障和科学引导，不断改进和完善班组安全管理的科学指标，制定和实施一系列旨在提高职工积极性的政策措施，将安全一票否决制和量化考核指标同劳动报酬、奖励、晋级等福利待遇挂钩，将制度的刚性力量同人性化的管理手段相融合，确保安全文化创建工作的良性发展。

③加强优秀的物质文化建设

提高班组管理的硬件水平，在持之以恒、常抓不懈地加大班组安全装备和文化设施投入的基础上，不断引进先进技术，提高安全监测水平，改善职工工作环境，为班组安全文化建设奠定坚实的物质基础。企业还要开展好各种培训教育和文娱活动，为提高职工实践技能、业务素质和思想装备搭好台、服好务。

总之，班组安全文化建设是一个动态过程，受班员文化结构和素质的制约和影响，并随着科学发展而发展、技术进步而进步、工艺变化而变化，只有与时俱进、创新发展、丰富内涵才能保持顽强的生命力和完整的个性特征。

（2）落实班组安全文化建设的措施

①给予班组安全管理更大的自主权。在现有基础上给予班组安全管理更大的自主权，将安全绩效考核、安全水平监测、事故处罚权限、相关责任分解逐步纳入班组管理工作范畴。将安全管理关口前移，重心下移，充分发挥班组的主观能动性，使安全责任真正落实到人头。此举不仅可有效减少安全监管投入，提高安全生产效率，也必将为安全文化创建工作注入不竭的动力。

②着力提高班组业务素质和管理水平。班组长作为最基层的管理者,其自身素质和管理技能在很大程度上决定了企业的安全生产形势,也直接影响着企业安全文化的创建。做好班组长的选拔培养工作。把好"入口"关,通过公开竞争和择优选聘等方式将最合适的人选到最适合的岗位;把好"充电"关,采用定期和不定期的方式建立班组长长效培训教育机制,不断提高他们适应新形势、开创新局面的实践技能和安全素质。只有班组长这个"龙头"舞起来,才能带动班组安全文化创建工作顺利进行。

③建立健全班组安全活动制度。班组安全活动是创建安全文化的有效载体。结合当前班组安全活动多样化的发展趋势,今后要在活动的实效上下功夫,在深度和广度上做文章。注重吸收其他行业和国内外先进企业的宝贵经验,形成独具特色的安全文化创建载体。同时,还要着力改善班组安全文化阵地投入不足的现状,为班组安全文化创建提供完备的软硬件环境,使班组安全活动逐步实现制度化、科学化、规范化。

④把思想政治工作贯穿于安全生产全过程。企业安全工作的复杂性和艰巨性赋予了思想政治工作深刻内涵和重要使命,也使之成为开展班组安全文化建设的力量源泉。班组要认真分析和掌握职工思想动态,坚持班前、班中、班后不断线,因人、因地、因时去跟进;要党政工团齐抓共管,共同构筑牢固的安全生产思想防护体系,为班组安全文化创建提供强有力的思想保证和精神动力。

⑤培养和弘扬独具特色的团队精神。作为班组安全文化建设的重要组成部分,团队精神的形成需要不断地提炼、积累和完善。在具体实践过程中,要同班组生产任务、工作条件、人员状况和企业的发展实际相结合。要建立以人为本的管理模式;建立优胜劣汰的驱动机制;持之以恒搞好全员教育;树立持续改进、不断创新的观念。

企业开展的各种主题安全活动,目的是改变班组安全活动的固有模式,激发职工参与安全学习的积极性和主动性。结合安全生产管理,要注重加强生产班组安全文化建设，努力打造"以人为本，充满爱心"的班组安全文化。通过班组安全文化的建设，使广大职工自觉享受工作环境和工作过程中的安全健康保障，完成安全生产的每一项任务，努力追求安全生产的卓越成果。

5. 班组安全生产检查

安全生产检查是生产经营单位安全生产管理的重要内容，其工作重点是辨识安全生产管理工作存在的漏洞和死角，检查生产现场安全防护设施、作业环境是否存在不安全状态，现场作业人员的行为是否符合安全规范以及设备、系统运行是否符合现场规程的要求等。通过安全检查，不断堵塞管理漏洞，改善劳动作业环境，规范作业人员的行为，保证设备系统的安全、可靠运行，以实现安全生产的目的。

（1）日常检查

日常检查是以职工为主体的检查形式，各基层班组长或安全检查员督促本班组成员认真执行安全制度和岗位责任制度，遵守操作规程，做好搬迁检查、准备工作和检查离班前的交接工作。

（2）定期检查

定期安全生产检查一般是通过有计划、有组织、有目的的形式，由生产经营单位实施。检查周期应根据企业的规模、性质以及地区气候、地理环境等确定。一般分为周检查、月检查、季度检查、年度大检查等。定期安全检查可以和重大危险源评估、现状安全评价等工作结合开展。

①周检查。由各相关部门负责人深入班组，对设备保养、器材放置、设备运行和交换班记录等进行检查，了解班组现场是否存在不安全因素、隐患。

②月检查。由安全管理委员会负责组织，主要是对安全工作成果进行全面检查，发现和研究解决安全管理上存在的问题，并把整改具体措施落实到单位和具体个人。同时，安全管理委员会要定期召开班组长会议，总结讲评

安全管理工作，进行安全教育。

③季度检查。是针对本季度的气候、环境特点，有重点地进行安全检查。春季检查以防雷、防静电、防跑漏、防建筑物倒塌为重点；夏季检查以防暑降温、防台风、防汛为重点；秋季检查还可以同节日检查相结合进行，如与元旦、国庆、春节等重大节日的公共安全保卫工作结合起来，在节日前进行。除检查目的和要求如同月检查外，季度检查要着重落实寒暑假的防火、值班、巡逻的组织安排工作。

④年度大检查。是一年一度的自上而下的安全评比。

⑤节日检查。是在节日前对安全、保卫、消防、生产设备、备用设备需要进行检查，以保证节日期间的安全管理。

（3）专业（项）安全生产检查

专业（项）安全生产检查是对某个专业（项）问题或在施工（生产）中存在的普遍性安全问题进行的单向定性或定量检查。如对危险性较大的在用设备、设施、作业场所环境条件的管理性或监督性定量检测检验。

①不定期检查

不定期检查是指不在规定时间内、检查前不通知受检单位或部门而进行的检查。不定期检查一般由上级部门组织进行，带有突击性，可以发现受检查单位或部门安全生产的持续性程度，以弥补定期检查的不足。

②综合性安全检查

综合性安全检查是由上级主管部门或地方政府及有安全生产监管职责的部门，组织对生产经营单位进行的安全检查。

6. 班组安全生产隐患排查与治理

安全是企业给职工的最大福利，安全生产是保障职工的人身安全，也是对设备正常运行的有力保障。然而在工作中事故隐患是不可避免的，无论多大的事故隐患，它都存在于生产岗位，存在于一线。而一线工作的承担者是班组，如果把事故隐患排查与治理作为班组安全活动的内容之一，这样既可丰富班组安全活动内容，提高一线人员的素质，又可及时发现并消除隐患。班组事故隐患排查与治理活动，应该由班长或安全检查员牵头，定期组织职工对本岗位、本班组范围内的不安全行为、不安全状态进行查找、治理，使事故隐患能早期被发现，及时被消除。在整个隐患排查与治理过程中：第一，可提高人员素质。提高人员素质首先要加强安全基础知识的学习和思想上对安全的正确认识。企业人员的安全素质越高，避免事故的能力就越强，出现事故的概率就越低。第二，可绘制班组成员都能看得懂的隐患网络图，实行现场安全监视。在排查治理的基础上，绘制班组隐患网络图，标出班组所管辖岗位的重点隐患部位，公布上墙，使班组成员人人心中有数，并把它作为现场安全监督的重点。现场安全监督，是班组隐患排查治理活动的重要环节，是每次隐患排查治理活动的有效连接。它的目的在于：一是通过现场监督，及时发现操作者由于操作不当，作业方法不当，思想不集中而造成的事故；二是对隐患治理工作实行跟踪检查，督促其限期治理。实行现场安全监督，主要以班长、安全员或者工人参与此项活动，因为他们有做好此项工作的权威性。安全是责任，重在落实。如果班组在组织安全活动学习时，能认真学习安全规程、操作规程和提升个人的安全素质，并在实际工作中不断提高自身的技术水平、综合分析、判断事故能力和配合有效的排查治理手段，那么我们的企业就会呈现出良好的安全态势，会彻底告别危险，远离事故。

"安康杯"竞赛企业班组建设的主要形式

班组的安全管理直接关系到每一位作业人员的身体健康、生命安全以及机械、设备的安全。因此，各单位应从深化、规范班组管理的角度，把开展"安康杯"竞赛活动纳入班组考核评价标准中，积极查找班组安全管理的薄弱点。

抓班组精细化工作。经过基层调研、反馈和总结，编制《班组管理活动记录本》，主要内容包含周计划编制及完成计划的资源配置。周计划包括一周内所要进行的针对性的培训、作业指导书的学习、现场危险点及危险源的分析和预控措施、班组材料消耗的控制、工器具使用与保养等诸多方面。在《班组管理活动记录本》中，材料、设备、工器具、作业指导书、图纸等完成计划所需的资源配置都必须清楚地反映出来。在完成一周工作后，计划的完成情况、每日安全站班会情况、按规程规范和作业指导书落实工艺质量及措施、组织开展班组自主创新等活动情况都须有详细的记录。这样，工作内容就一目了然。较之以往"布置工作一张嘴，执行任务一条腿"更加科学、有效。

1. 增强职工的安全生产意识

搞好班组安全生产，除了落实安全生产规章制度，还需要增强职工的安全生产意识。所有人为安全事故的发生，都是由于"违章、麻痹、不负责任"引起的，也就是人的安全意识淡薄，所以提高职工的安全生产意识，是安全生产的重中之重。提高职工的安全意识就要求班组长期不懈地开展好班组的安全活动，对职工进行安全思想教育。

首先，要认真组织学习领会有关安全的规程制度，教育职工遵守规章制度，做任何工作前都要不断地反问："安全措施是否到位？""这样做是否符合安全规程要求？"使职工从思想上养成一种"我要安全"的思想意识。

其次，组织学习单位内外已有事故通报，剖析其发生的原因，认真吸取教训，克服麻痹思想，并针对本班组的实际情况认真查找人的行为、设备管理方面的危害因素和根源，提出防范措施，以便在以后的工作中加以克服。

最后，安全意识的培养，要结合实际工作进行，要养成在工作前进行危险点分析的习惯，工作中要养成相互关心、相互提醒的良好习惯，发现违章行为要立即制止并举一反三地进行现场安全教育，从而增强班组成员的安全意识。

2. 严格班组管理考核

为强化班组管理,需出台班组工作考核原则和考核办法,每月组织各单位对每一个班组的管理开展情况进行考核评价。将班组管理活动开展的效果同班组实际工作情况进行对比分析;公司的考核评价结果将与年度优秀班组、优秀班长、杰出职工、劳动模范、先进集体等评优评先工作挂钩,并形成《班组建设目标管理考核评价标准》。每月编发《公司班组建设情况点评通报》,通报存在的问题,并提出解决的对策。同时,考核组在打分时,会注明扣分的原因,并将考核结果及考核中发现的不足之处与被考核人面谈沟通,被考核人在充分了解和认同后在考核表上签名确认。最终使班组的管理活动实现制度化、规范化、程序化。

3. 多项活动结合,丰富"安康杯"竞赛内容

班组可以通过开展各项活动,丰富"安康杯"竞赛内容。班组安全活动的主要目的是培养广大职工的积极性,让职工充分参与班组安全管理的各个环节,提高主人翁意识。班组安全活动的种类很多,可以安排以下活动:

(1)读一本健康安全知识的图书

各班组可以统一下发相关图书,比如《劳动保护知识读本》;也可以要求职工自选相关图书;或者针对不同的岗位下发相应的应知应会手册,为职工学习安全生产知识提供一手资料,真正做到"干什么、学什么""缺什么、补什么"。学习方式以自学为主,电子书阅读、纸质书阅读皆可,也可以统一组织学习。

(2)提一条健康安全建议

健康安全建议是一项对健康安全起到积极推动作用的活动,各班组结合自身实际,对公司生产工艺、设备运行、安全管理、防护技术及劳动保护状况提出建议,并对合理可行的建议进行奖励。

(3)查一起事故隐患或违章行为

为加强安全管理,消除各类安全隐患,各班组在开展学习讨论的同时,应对班组现场劳动保护措施、安全制度执行情况进行自查，引导班组职工从身边的设备、身边的行为查找不安全因素，并坚持边发现边整改的原则，做到条条有着落、件件有交代。

（4）当一天安全检查员

班组可以安排一名工作班成员作为"今天我是安全检查员"协助工作负责人，对工作现场进行全过程安全检查，做好当天安全检查工作。通过开展"当一天安全检查员"活动，使班组成员从思想上提高认识，理解安全检查员工作的艰辛与责任的重大，在今后的工作中，更加尊重支持安全检查员的工作，接受他们的监督，确保安全。

"安康杯"竞赛企业班组建设的考核要求

为加强班组安全生产管理建设，规范班组安全管理，各班组应结合本单位实际，制定和实施相应的班组安全建设考核操作办法。

1. 基本要求

班组要坚持"安全第一，预防为主，综合治理"的方针，在保证职工安全与健康的前提下，开展安全建设达标工作；班组要实行安全生产目标管理，采取有效措施，杜绝"三违"（违章指挥、违章作业、违反劳动纪律），消除不安全因素，逐步实现规范化、标准化和制度化，提高班组管理水平；班组安全教育从制度教育、管理和现场等方面进行规范和标准化管理，以实现班组安全建设目标。

2. 考核内容及标准

（1）规章制度（分值占10%）

班组要依据公司、车间的相关制度，结合本单位情况制定各种具体的操作性强的管理制度并组织执行。

岗位责任：按岗位工种特点，制定本岗位操作规程、以劳动纪律为主的安全岗位责任制。

目标考核：围绕承担的工作任务，明确提出相应的安全目标及要求，并分解到岗位，责任到人。

教育培训：按公司安全教育培训要求，组织或协助进行岗位安全教育、复工、调岗、"四新"教育、特殊工种上岗教育等培训内容，制定和执行相关规章制度。

事故处理：执行公司各事故应急预案，制定纠正和预防措施等。

日常活动：制定日常安全工作和活动管理办法。

维护保养：制定班组责任管理的各设备设施的操作、保养和维护规定和细则，执行公司相关设备管理规定。

倒班工作交接：制定连续作业交接班的安全管理制度，确保安全责任清楚。

（2）教育培训（分值占20%）

班组要根据公司安全教育培训制度，实施安全教育和培训，提高职工安全意识，使职工以规范的行为适应工作特定环境。

基础知识学习：安全操作规程、规章制度、岗位安全知识。

安全意识培训：宣传国家和公司安全方针、政策、法律法规及公司各项规章制度，宣传学习安全生产、职业健康保护知识等。

应急救援预案的掌握应用和日常演练。

（3）现场管理（分值占30%）

班组的工作场所、作业现场是人机物环等因素的有机结合系统，加强现场安全管理是实现安全生产管理的基础。

作业程序标准化：按行业标准、工艺流程和作业规程要求等标准化程序作业。

岗位操作标准化：岗位工种操作要严格执行操作规程。

现场布置标准化：实行 6S 管理，合理布置设备、设施、工具和原材料等，配齐各种安全防护设施。

工作环境标准化：按国家和公司规定，实现现场职业健康危害防治达到要求，创建舒适、文明的工作环境。

防护用品标准化：劳动保护用品的标准化管理，并督促职工坚持佩戴，形成自我防护意识。

安全标志标准化：按要求设置安全警示标志。

（4）日常工作（分值占 20%）

班组要组织职工积极参与民主管理，营造人人参与的安全文化氛围。

安全民主管理：安全生产制度、安全生产目标、安全管理措施及考核结果公开化。

强化群体安全意识。

民主管理活动：安全竞赛、合理化建议、安全评比、班组安全会议等。

群体监督作用：发挥基层工会组织和全员安全民主权利，监督落实安全管理工作要求。

（5）安全管理（分值占 20%）

班组应根据本单位岗位情况，推行现代安全管理办法，解决工作与生产过程中出现的具体问题，实现对事故的预测、预防和预控。

运用好安全管理办法和手段，如安全检查表、事故分析图、现场定置管理。

3. 考核办法

各单位按本单位的班组建设标准、实施细则和考核办法，对本单位的班组建设工作进行考核评比表彰奖励。

优秀安全班组：以年为考评周期，考核标准分值达到 95 分以上，为当年车间优秀安全班组。

先进安全班组：以月为考评周期，考核标准分值达到 85 分以上，为当月车间先进安全班组。

年终达标考核评比：每年12月底或次年1月初进行班组安全建设达标考评，月度考评平均分数在80分及以上的班组，视为通过班组安全建设考评。

4. 表彰奖励

获得优秀班组和先进班组的班组，按公司安全生产管理奖励办法给予相应的称号和奖励。年终达标考核评比未通过的班组将按公司绩效考核规定进行绩效扣罚，并取消班组年度安全项目评优资格。

5. 考核否决

凡有下列情况之一的，取消评比资格：

（1）班组成员中有严重"三违"行为。

（2）班组成员发生轻伤以上人员事故。

（3）班组发生较大设备事故或重大设备未遂事故。

（4）因班组原因未完成公司及车间安全生产工作安排。

第 9 章

"安康杯"竞赛活动的职工安全文化建设

第9章 "安康杯"竞赛活动的职工安全文化建设

从安全文化的定义来看,安全文化可分为单位安全文化和个人安全文化。职工安全文化属于个人安全文化,但又是所在单位安全文化的一部分。由于企业职工是企业安全生产的直接参与者,所以企业安全文化的最终载体是职工的安全文化。根据美国安全工程师海因里希的研究结果可知,多数生产事故的发生与职工的不安全行为密不可分,这一比例高达88%。因此提升职工安全文化素质,影响和改变职工的安全态度与价值观、安全意识以及行为等,是企业能够顺利发展的重要举措,同时也是保护企业职工健康安全的有效对策。职工安全文化建设包括职工安全物质文化、制度文化、观念文化和行为规范文化。

"安康杯"竞赛职工安全文化建设的重点内容

1. 职工安全物质文化建设

企业要创造安全、良好的作业环境,改善劳动条件,加快技术进步和改造,做好工艺过程本质安全和设备控制过程本质安全,满足职工追求安全生产的需要。职工安全物质文化建设是指生产经营整个活动中所使用的保护职工身心健康与安全的先进工艺技术、设备设施或机具、安全防护与人机隔离技术、安全保护与联锁装置、安全标志标识、安全展览、作业环境与区域定置等硬件设施。职工安全物质文化是实现本质安全化的基础,是安全文化建设的一项重要内容。所以在整个安全文化大厦的建设中,首先必须打好安全物质文化基础。

根据安全物质文化建设要素要求，并依照国家和行业制定的相关标准与规范，公司各单位要结合本单位实际，将安全物质文化建设分成十项任务来抓：工艺技术本质安全化建设；设备设施或机具本质安全化建设；安全防护与人机隔离技术标准化建设；安全标志、标识、提示规范化建设；作业环境整洁化、定置管理标准化建设；人流、车流与物流有序化建设；危险源辨识和分级监控标准化建设；安全文化长廊与安全文化教展览室建设；岗位隐患排查规范与整改核销流程建设；应急设施与装备建设。要通过不断加大安全科技投入和技术改造，努力提升安全保障水平。

（1）工艺技术本质安全化建设

工艺技术本质安全化是指所采用的生产工艺技术措施应符合国家和行业制定的强制性规范、标准，以实现工艺技术的本质安全化。工艺技术本质安全化建设分述如下：

①工艺过程关键变量控制

各厂矿要通过对各工艺过程危险识别，将工艺过程各项变量指标（如压力、温度、介质含量等）按危险程度进行划分，对有可能造成致命性风险和灾难性风险的关键变量指标，实施三区控制，即安全区、警戒区和危险区，并绘制成图表（可制作成提示牌），图表中标明正常操作程序、关键变量指标、进入警戒区和危险区可能导致的各种人身伤害风险及必须采取的纠正保护措施等内容，这样就可以让进入现场的人员（主要指操作职工）直观明了地熟悉现场环境潜在危险情况和掌握应急处理技能，确保各工艺过程关键变量指标始终处于可控、受控状态，实现生产过程中工艺技术的本质化安全。

②生产工艺系统本质安全化建设

新建、改扩建项目要严格执行国家"三同时"规定，做到安全设施与主体工程同时设计、同时施工、同时投入生产和使用，确保新建项目从源头上满足生产工艺系统本质安全化的要求。

通过技术改造，逐步淘汰落后的、存在安全风险的工艺，提高在用工艺系统本质安全化水平。

（2）设备设施或机具本质安全化建设

设备设施或机具本质安全化是指设备设施或机具加工、制作、使用及维护保养等应符合强制性规范、标准，实现设备设施或机具本质安全化。

设备设施或机具在设计上或加工制作上要符合本质安全化的要求，确保设备设施或机具从源头上达到本质安全化。

设备设施或机具在采购上要符合本质安全化的要求，确保设备设施或机具在采购上达到本质安全化。

设备设施或机具在使用过程中，要强化维护保养工作，确保设备设施或机具使用安全。

通过技术改造，逐步淘汰落后的、存在安全风险的设备设施，提高在用设备设施本质安全化水平。

（3）安全防护与人机隔离技术标准化建设

安全防护与人机隔离技术是指各种安全防护设施、人机隔离技术符合国家或行业的相关标准及有关规范规定。主要包括：凡有台阶或阶梯（2级以上）都要设置可靠、有效的防护栏；凡有平台、走台都要设置防护栏；凡有沟、井、坑都要设置防护盖板；凡机械设备的传动、转动部位都要设置防护罩；凡有高压电气设备、辐射危害设备的周围都要设置防护隔离网；道路旁可能被机动车辆碰撞的设备设施都要设置防撞装置；凡是检修、起吊作业、有落物等危险的作业场所、有物料飞溅的岗位等都要设置隔离带。

（4）安全标志、标识、提示规范化建设

根据国家标准或者行业标准以及企业规章制度，结合生产现场安全警示、提示需要，在所有生产场所和具有一定危险性的区域都应设立规范的安全标志、标识，以警示或提醒职工遵章守纪。

依照国家安全标志、安全色等有关标准，设计、制作各类安全标志、标识牌，并严格按照规范要求进行现场设置，起到警示明显、标志标识规范、提示温馨的作用，营造出良好的视觉文化氛围。

要加强安全标志、标识、提示标牌的现场管理，定期开展专项检查，对设置漏项、损坏的安全标志标识，及时维护和更新。

（5）作业环境整洁化、定置管理标准化建设

推行 7S 管理，实现作业环境整洁化、定置管理标准化。实施 7S 管理要着眼于每个人、每一班、每件事、每一处，以 7S 管理标准为尺度，实现作业环境整洁化、定置管理标准化。

按照现场文明生产要求，及时清理、整顿、清扫，不断改善劳动条件和作业环境，做到安全生产、文明生产、清洁生产，逐步达到人机环境整体优化和本质安全化。

（6）人流、车流与物流有序化建设

凡是有起重设备和车辆通行的厂房内都要划分吊运作业区域、物料存放区域、人行安全通道和机动车辆通道，做到人流、车流、物流规范有序。

厂（矿）区道路划定人行通道、车辆通道以及斑马线。明确安全区域和危险区域，并对危险区域实施特殊管理。

（7）危险源辨识和分级监控标准化建设

按照国家危险源辨识标准或方法，划定危险源识别单元，并研究分析可能产生的危险后果，制定科学的监测监控措施，制作成版面悬挂于岗位，并实施重点监控。

对识别出的危险源按照危害范围和严重程度，实行厂（矿）、车间（工区）、班组和岗位四级监控管理，定期进行检查，确保危险源处于受控状态。

（8）安全文化长廊与安全文化教育展览室建设

安全文化长廊与安全文化教育展览室，是安全物质文化建设的重要组成部分，各单位要把安全文化长廊与安全文化教育展览室建设作为一项重要工作来抓。要在排班室、工作休息室等场所建设安全文化专栏，让干部职工在

工作中感受到文化的熏陶；在会议室、职工洗浴等公共场所，设置以安全法律法规、安全理念、安全承诺、安全漫画、安全警句等为主要内容的安全版面，图文并茂，在潜移默化中影响职工的安全品质、安全态度。

（9）岗位隐患排查规范与整改核销流程建设

按照"无隐患、零违章，实现零伤害"活动要求，分别以厂（矿）、车间（工区）、班组、岗位为单元，从物的不安全状态、人的不安全行为、环境因素和管理缺陷四个方面，对照设计规范标准，对每个岗位、每一台设备设施、每一步操作进行全面排查调研，了解和掌握可能导致人身伤害的危险岗位、危险设备、危险作业，进行登记，并将隐患进行分类、分级编码管理。

建立岗位隐患排查规范与整改核销流程，引进和开发事故隐患管理信息系统，在隐患分类、分级编码的基础上，创建事故隐患管理系统平台，同时完善五级安全检查工作体系，强化隐患排查和治理工作，使隐患排查与治理工作走向流程化、规范化、制度化轨道。

（10）应急设施与装备建设

应急设施与装备是安全物质文化不可或缺的部分，矿山井下以及各危险化学品生产、储存、使用等高危行业单位要根据本单位实际，建设必要的设施和应急装备、器材。要加强对应急设施、装备的日常保养、维护等管理，保证其任何时候都处于完好、可用状态。

2. 职工安全制度文化建设

职工安全制度文化建设是企业安全管理的重要组成部分，也是企业发展的必要条件。安全制度文化建设是指企业通过制度建设和文化建设，形成一套完整的安全管理体系，使职工在工作中始终保持安全意识，遵守安全规定，从而保障企业的安全生产。

企业应该建立完善的安全制度。安全制度是企业安全管理的基础，是职工安全的重要保障。企业应该根据自身的特点和实际情况，制定一套完整的安全制度，包括安全生产责任制度、安全生产管理制度、安全生产操作规程等。同时，企业应该加强对安全制度的宣传和培训，让职工深入了解安全制度的内容和意义，从而提高职工的安全意识和遵守安全规定的能力。

安全制度文化建设是企业安全管理的重要组成部分，是企业发展的必要条件。企业应该加强安全制度建设和安全文化建设，形成一套完整的安全管理体系，从而保障职工的安全生产，促进企业的健康发展。

安全制度文化包括建立安全组织机构、开展安全评价、落实国家颁布的安全法律法规、条例以及企业为了安全生产而形成的安全奖惩、安全培训等各种规章制度、岗位操作规程、防范措施等。

（1）安全生产规章制度的主要内容

企业的安全生产规章制度可分为安全生产管理、安全技术、工业卫生三个方面。

①安全生产管理方面的规章制度

包括安全总则、安全生产会议制度、安全生产投入及安全生产费用提取和使用制度、安全生产教育培训制度、安全生产责任追究制度、各岗位标准化操作制度、事故隐患排查治理制度、重大危险源监控和管理制度、劳动防护用品配备和管理制度、安全设施设备管理和检修维护制度、特种作业人员管理制度、生产安全事故报告制度、应急救援工作制度、事故调查处理制度以及建设项目和技术改造项目的三同时（主体工程与安全设施同时设计、同时施工、同时投入生产和使用）审查验收管理制度等。

②安全技术方面的规章制度

包括电气安全技术、压力容器安全技术、锅炉安全技术、危险物品安全管理、建筑安全培训施工安全技术、消防管理、危险场所的安全技术管理、容器内作业、高空作业、企业内机动车辆安全管理、特种作业人员安全管理（培训、考核、发证、持证作业等）、各工种的安全技术操作规程等。

③工业卫生方面的规章制度

包括尘毒监测、防尘防毒措施、防尘防毒设备的维护管理、职业病和职业中毒的统计报告、防暑降温管理、保健食品制度等。

（2）企业安全生产规章制度的基本要求

在安全文化体系建设中，制度文化和执行文化同等重要，安全管理制度化建设是职工行为控制的有效途径，是"要我安全"向"我要安全"转变的桥梁，而强化执行力建设是安全管理制度落实到位的保障，同时能够弥补安全管理制度的不足。因此，安全管理制度化建设和执行是建设现代企业的客观要求，是严格贯彻执行上级安全管理的需要。

①安全管理制度的制定，必须遵循系统化的原则

在制定安全管理制度时，首先应该设计制度系统图，围绕制度方案进行编写，定期清理并进行效果评价，然后归并更新后编纂发布，属于体系文件就纳入其中，属于无效的立即废止，能够合并的立即更新，让基层单位始终执行最新的有效制度。

②安全管理制度的制定必须体现以人为本的理念

安全管理制度的执行必须强化刚性。在制度的制定过程中，应遵循安全第一、以人为本的原则，真正体现尊重爱护职工。在各安全管理制度配套考核政策制定上，也应充分考虑各种客观事实，把握尺度，只有这样，才能使职工在意识上能够自觉接受制度，在行为上能够主动服从管理。不能动辄就罚，以罚代管，让职工产生抵触情绪。在安全管理制度的执行上，安全管理制度一旦制定，则必须加强有效监督和责任追究，加大规章制度的执行力度，坚持严格要求，严格考核，对违反规章制度的行为严肃处理，否则，执行力度越来越小，执行效果越来越差。

③增强安全管理制度的针对性

提高标准化水平，确保安全管理制度准确执行。任何一项制度的出台都应明确拟订目的、执行流程、分工界面与安全职责，方能为实现各司其

职、各负其责提供书面依据。制度的拟订应严格依照安全管理的规程、规定，并结合本单位的实际情况，制定标准，才能做到切实可行。为此，在拟订制度时，必须充分考虑到制度的必要性、可行性、实效性，反复征求各方面意见，认真推敲制度中的条款和细节，避免制度中不合理因素造成的负面影响。同时管理制度的出台应尽量保证一定时间的连续性，避免出台后短时间内反复修订。简而言之，健全的安全管理制度必须遵循安全管理的四个凡事，即凡事有章可循、凡事有据可查、凡事有人监督、凡事有人负责。一个企业执行力强弱的一个显著特征是行为是否体系化，制度是否流程化和标准化。制度方案本身要求内容具体，责任明确，能够对照执行和检查，严格管理措施，有针对性、可操作。只有这样，才能有效杜绝工作的随意性，提高管理制度的执行水平。

④安全管理制度必须加强宣贯

制度作为规范职工行为的标准，只有使职工掌握制度的要领，懂得安全管理制度对保证职工生命安全的重要性，才能从被动执行转化为自觉遵守。安全管理制度的宣贯必须遵循分级管理的原则，管理人员不能简单地当二传手，要根据管理层与执行层之间的工作界面和安全职责，加强针对性指导，向职工讲明道理，既要知其然，也要知其所以然。同时可充分利用三大媒体，通过开辟学习专栏、事故快报、安全简报、写心得体会、事故预想、反事故演习等形式来加强职工的安全意识和责任意识，提高职工对安全管理制度的认知程度，达到宣贯的目的。

⑤安全管理制度必须常抓不懈

首先安全管理制度一旦制定，就必须始终如一地坚持，要保持制度的严肃性，不能出现虎头蛇尾的现象。其次管理者指令安排必须严谨，不能经常性地朝令夕改，让职工无所适从，最后导致好的制度、规定和正确的指令安排得不到有效的执行。

⑥安全管理制度必须建立效用评价体系

建立效用评价体系，追踪制度的执行效果，也就是要实现 PDCA 循环闭环管理，达到持续改进的目的。目前我们存在的主要问题是，还没有普遍建立纵向的、横向的督查督办制度，对安全管理制度的贯彻落实缺乏跟踪，对执行的效果评价需要加强。

⑦必须实行动态化管理

为确保安全管理制度的实效性和可操作性，必须实施动态化管理。要实时分析生产作业流程和管理上的薄弱环节，随时捕捉制度执行过程中的信息，结合安全新形势和上级部门的新要求，客观分析存在的问题并及时修订或拟订制度。我们目前存在的主要问题是对安全管理制度清理不够及时，制度的指导性、有效性受到一定影响，必须根据需要及时更新等。

⑧建立安全制度文化体系，推动全员自觉执行

安全文化是企业文化的重要组成部分，体现了人的生命和健康不受威胁的安全价值观，核心是以人为本，主体是企业职工，关键是安全职责的落实，重点是各类安全文化活动的开展，目的是提高全员的安全意识、安全技能，让人人都懂安全、要安全、会安全、能安全、确保安全。因此，要实现全员自觉执行安全管理制度，首先要建设意识上的安全人，通过把"安全为天"当作首要的价值取向，向职工进行传播和贯彻。其次建立激励机制，严格考核，把安全管理上的好做法和经验提升到文化理论高度，增强职工全员培训、质量标准化、安全生产等活动效果，做到全员激励与重点激励相结合。最后针对安全事故采用反弹琵琶或者反向思维的形式，教育职工摆正安全与生产、安全与效益的关系，增强职工凝聚力，使安全生产深入人心。

3.观念安全文化建设

"观"，观念，认识的表现，思想的基础，行为的准则。它是方法和策略的基础，是活动艺术和技巧的灵魂。进行现代安全活动，需要正确的安全观指导，只有对人类的安全态度和观念有着正确的理解与认识，并有高明的安

全行动艺术和技巧，人类的安全活动才算走入了文明的时代。那么现代社会需要什么样的安全观念文化呢？

（1）"安全第一"的哲学观

"安全第一"是一个相对、辩证的概念，它是在人类活动的方式上（或生产技术的层次上）相对于其他方式或手段而言的，并在与之发生矛盾时，必须遵循的原则。"安全第一"的原则通过如下方式体现：在思想认识上安全高于其他工作；在组织机构上安全权威大于其他组织或部门；在资金安排上，安全强度重视程度重于其他工作所需的资金；在知识更新上，安全知识（规章）学习先于其他知识培训和学习；当安全与生产、安全与经济、安全与效益发生矛盾时，安全优先。安全既是企业的目标，又是各项工作（技术、效益、生产等）的基础。建立起辩证的安全第一哲学观，才能处理好安全与生产、安全与效益的关系，才能做好企业的安全工作。

（2）重视生命的情感观

安全维系人的生命安全与健康，"生命只有一次""健康是人生之本"；反之，事故对人类安全的毁灭，则意味着生存、康乐、幸福、美好的毁灭。由此，充分认识人的生命与健康的价值，强化"善待生命，珍惜健康"的"人之常情"之理，是我们社会每一个人应该建立的情感观。不同的人应有不同层次的情感体现，职工或一般公民的安全情感主要是通过"爱人、爱己""有德、无违"等来体现。而对于管理者和组织领导，则应表现出：用"热情"的宣传教育激励教育职工；用"衷情"的服务支持安全技术人员；用"深情"的关怀保护和温暖职工；用"柔情"的举措规范职工安全行为；用"绝情"的管理严爱职工；用"无情"的事故启发人。以人为本，尊重与爱护职工是企业法人代表或雇主应有的情感观。

（3）安全效益的经济观

实现安全生产，保护职工的生命安全与健康，不仅是企业的工作责任和任务，而且是保障生产顺利进行，企业效益实现的基本条件。"安全就是效益",安全不仅能"减损"而且能"增值",这是企业法人代表应建立的"安全经济观"。安全的投入不仅能给企业带来间接的回报,而且能产生直接的效益。安全经济学研究成果表明,安全的经济规律有:事故损失占 GNP(国内生产总值)的 2.5%;发达国家的安全投资占 GNP 的 3.3%,我国现阶段占 GNP 的 1.2%;合理条件下的安全投入产出比是 1∶6;安全生产的贡献率达 1.5%~6%;预防性投入效果与事后整改效果的关系是 1 与 5 的关系。安全效益金字塔表明:系统设计考虑了 1 分安全性,可带来系统制造时的 10 分安全性,而实现系统运行和使用时的 1000 分安全性。

(4)预防为主的科学观

要高效、高质量地实现企业的安全生产,必须走预防为主之路,必须采用超前管理、预期型管理方法,这是生产实践证实的科学真理。现代工业生产系统是人造系统,这种客观实际给预防事故提供了基本的前提。所以说,任何事故从理论和客观上讲,都是可预防的。因此,人类应该通过各种合理的对策和努力,从根本上消除事故发生的隐患,把工业事故的发生降到最低限度。采用现代的安全管理技术,变纵向单因素管理为横向综合管理;变事后处理为预先分析;变事故管理为隐患管理;变管理的对象为管理的动力;变静态被动管理为动态主动管理,实现本质安全化。这些是我们应建立的安全生产科学观。根据安全系统科学的原理,预防为主是实现系统(工业生产)本质安全化的必由之路。

(5)人机环管的系统观

保障安全生产要通过有效的事故预防来实现。在事故预防过程中,涉及两个系统对象:一是事故系统,其要素是人——人的不安全行为是事故的最直接的因素;机——机的不安全状态也是事故的最直接因素;环境——生产环境的不良影响人的行为,对机械设备产生不良的作用;管理——管理的欠缺。二是安全系统,其要素是:人——人的安全素质(心理与生理;安全能力;文化素质);物——设备与环境的安全可靠性(设计安全性;制造安全性；使用安全性）；能量——生产过程能的安全作用（能的有效控制）；信息——充分可靠的安全信息流（管理效能的充分发挥）是安全的基础保障。认识事故系统要素，对指导我们从打破事故系统来保障人类的安全具有实际的意义，这种认识带有事后型的色彩，是被动、滞后的，而从安全系统的角度出发，则具有超前和预防的意义，从建设安全系统的角度来认识安全原理更具有理性的意义，更符合科学性原则。

4. 行为安全文化建设

职工行为规范安全文化是指安全价值观和行为规范，公认的价值标准存在于人们的内心，制约其行为，具体表现为道德、风俗、习惯等。缺少安全道德的行为表现是我国伤亡事故高发的重要原因之一，进行职工的行为规范安全文化建设，就是要倡导树立安全道德。企业要树立集体主义的精神风貌，开展安全道德宣传，做好安全道德教育，把人伦和道德有机结合起来，在没有人监督的情况下，人人都能自觉地按照安全道德的内容去做，把安全道德规范转化为人们的道德力量，达到行为规范安全文化建设的目的。

（1）继续落实安全生产责任制

提高职工的安全意识，将安全生产作为一项系统工程来建设，从水泥生产的每个环节开始，必须严格按照安全规程、操作规程以及企业安全生产岗位职责的规定执行。

（2）加强班组内部的安全责任建设

认真推行工段班组自治、个人自律的安全生产管理新模式，努力完善值班、安全生产联保、现场隐患排查等一系列实用性和针对性更强的符合现代企业规范的安全生产管理制度。

（3）发扬先进集体和先进个人的模范带头作用

先进集体和个人的事迹，不仅展示了企业职工的精神风貌和工作态度，更对企业各层职工有一定的教育意义。

"安康杯"竞赛职工安全文化建设的主要形式

2023年4月21日,中华全国总工会办公厅印发《关于加强职工安全文化建设的指导意见的通知》,通知中对加强职工安全文化建设的主要举措提出了指导性意见。

1. 督促企业落实职工安全文化建设主体责任

(1)弘扬安全文化理念

各级工会要大力弘扬"人民至上、生命至上""统筹发展与安全""安全是发展的前提,发展是安全的保障""发展绝不能以牺牲安全为代价""安全第一、预防为主"等安全文化理念,推动企业结合行业特点和企业文化传统,在企业职工中广泛征集富有特色、导向正确、职工认同的职工安全文化理念(包括安全核心价值观、安全愿景、安全使命、安全目标、安全口号等),并通过举办培训班、论坛、研讨会、演讲比赛等方式梳理提炼后,在报刊、宣传栏、网络等平台上予以具体化、可视化、形象化呈现,企业决策层、管理层和全体职工处处能看见,时时有提醒。推动企业把安全文化理念渗透到生产经营一切活动中,日积月累、潜移默化,逐渐固化为行为准则,引导职工养成良好的安全行为习惯。

(2)构筑企业层层负责的安全屏障

各级工会要督促企业落实全员安全生产责任制,让决策层、管理层、全体职工都清楚自己所应承担的安全责任,主动担责。决策层要树立正确的安全观念,在确立发展目标、制定发展规划、构建管理体系、建立监管机制、落实安全责任等决策过程中始终坚持"安全第一",并就确保安全目标作出承诺。管理层要以身作则,充分发挥表率和示范作用,提升自身安全文化素养,建立并严格执行安全管理制度,落实安全责任,给予充分的安全措施和资源保障,以审慎的态度处理安全相关问题。全体职工要正确理解和认识各自的安全责任,严格执行各项安全规定,形成人人都是安全的创造者和维护者的工作氛围,做到懂安全、会安全、保安全。

(3)推动企业开展职工安全文化建设

各级工会要推动企业按照"先简单后丰富、先启动后完善、先见效后提高"的思路,积极开展以"三化""五有"为主要内容的职工安全文化建设。"三化":一是"体系化",实现职工安全文化与企业安全管理有机融合,构建起思想引领、安全预防、宣传教育、安全责任、安全监督等体系;二是"制度化",具备健全完善的教育、培训、考核、监督、评估、承包商安全管理等安全文化制度并及时修订完善,做到"凡事有章可循,凡事有据可查,凡事有人负责,凡事有人监督";三是"标准化",实现安全管理、操作行为、设备设施和作业环境等标准化建设有效开展。"五有":一是"有目标",根据所处行业和企业特性,研究制定符合自身发展的安全文化目标和实现方式;二是"有计划",制定职工安全文化建设计划,对计划的执行情况进行过程监督和管控;三是"有抓手",有推进工作的重点项目和专项活动,有工作平台和载体;四是"有保障",有专项领导机构和执行团队、稳定的经费保障和考核评价激励措施;五是"有成效",经过培育建设,有效增强职工的安全意识、安全技能。

2.强化主人翁意识,切实发挥好职工作用

(1)加强职工思想政治引领

各级工会要牢固树立安全发展理念,坚持把贯彻落实习近平总书记关于安全生产重要论述与加强职工安全文化建设结合起来,通过组织学习、专题辅导、公益宣传、警示教育等各类线上线下活动,加强对职工的思想教育和引导,提高职工对安全文化建设重要性的认识,充分调动起广大职工参与安全文化建设的积极性和主动性。

(2)支持鼓励职工做"安全生产吹哨人"

各级工会要督促企业保障职工在安全生产领域的民主政治权利,依法保障职工的知情权、参与权、表达权、监督权，切实提高职工主人翁地位。组织职工开展"隐患随手拍"、安全合理化建议等活动，发挥职工"哨兵"作用。建立完善隐患举报奖励制度，设立举报电话、信箱、电子邮箱等，及时向社会公布，向职工宣传政府、工会等设立的安全生产隐患举报渠道和有关安全生产政策，鼓励职工积极反映真实的安全生产隐患和问题，依法维护职工的合法权益。

3. 推进安全生产文化建设

（1）加强职工安全文化阵地建设

各级工会要充分利用工匠学院、工人文化宫、职工书屋、户外劳动者驿站等线下平台和"技能强国——全国产业工人学习社区"等线上平台，设置职工安全文化专区，提升安全宣传教育培训功能，推进工会系统的职工安全文化阵地建设。鼓励有条件的企业在职工聚集区建设职工安全教育中心、安全文化场馆，建立劳模和工匠人才安全创新工作室。积极争取党委政府的支持，联合企业联合会、安全生产协会、社会机构、专业文化团体等单位，创作丰富的安全漫画、安全歌曲、安全小视频等职工安全文化作品，打造系列职工安全文化阵地。

（2）提供职工安全文化服务

各级工会要发挥工会"大学校"作用，加强职工安全宣传教育培训，利用报纸、电视、广播、杂志等传统媒体和"三微一端"等新媒体工具，深入企业、车间、班组和广大职工中，广泛开展安全生产宣传和职工安全知识普及，提高职工的事故防范、应急处置和自我保护能力，营造良好安全文化氛围。充分发挥工匠学院、职工安全教育中心等职工安全文化阵地作用，定期组织企业负责人、管理人员和职工参加安全生产教育培训。特别是针对小微企业和灵活用工企业，加强安全生产宣传、教育培训、消防演练、安全监督等工作。

（3）广泛开展职工安全文化活动

各级工会要围绕"举旗帜、聚民心、育新人、兴文化、展形象"的使命任务，广泛开展带有"工"字特征、体现"工"字内涵、彰显"工"字精神的职工安全文化活动。要结合"安康杯"竞赛、"安全生产月"、《职业病防治法》宣传周、"小发明、小创造、小革新、小设计、小建议"、劳动和技能竞赛等活动，创新开展企业和职工喜闻乐见、形式多样、线上线下相结合的安全文化主题活动，打造"中国梦·劳动美"系列职工安全文化品牌。鼓励开展区域性、行业性的职工安全文化艺术节、示范性展演、才艺擂台赛等活动，不断提高职工参与率、覆盖率。

（4）鼓励设立工会安全巡访员队伍

鼓励各级工会依托熟悉业务的工会干部、聘请在职或退休的安全生产领域专家，建立工会安全巡访员队伍。按照法律赋予工会在安全生产工作中的职责，组织安全巡访员定期到企业开展工作，采取工作指导、宣传教育、培训提升等措施，督促企业落实好安全生产主体责任。

（5）协助督促企业做好安全风险防范

针对电气焊作业和消防、矿山、危险化学品、交通运输、建筑施工、城镇燃气、烟花爆竹、工贸、自建房、"三合一"及人员密集场所、供电供热、军工、文化旅游、农机、水利、特种设备等重点行业领域企业，加大工会劳动保护监督检查力度，督促企业落实安全生产主体责任和企业全员安全生产责任制，执行安全生产规章制度，加大安全生产投入力度，加强现场安全管理和重大危险源监控，强化关键设施装置安全运行维护和落实安全防范措施。

（6）持续改进和提升职工安全文化建设水平

各级工会要充分认识职工安全文化建设的阶段性、复杂性和持续改进性，探索建立职工安全文化建设评价指标体系，查找职工安全文化建设中的薄弱环节并提出改进措施，持续提升职工安全文化建设水平。要指导企业结合行业领域特点和企业实际定期开展职工安全文化建设自我评价、监测和结果分析,组织开展区域性职工安全文化建设评价活动,开展示范性创建活动。

(7)总结表彰一批职工安全文化建设先进典型

各级工会要经常性地开展调查研究和指导帮扶工作,及时总结提炼各地、各单位在加强职工安全文化建设方面的好经验好做法,广泛宣传、大力推广。要聚焦国家重大战略、重大工程、重大项目、重点产业,悉心指导、重点培育一批职工安全文化建设先进典型,发挥其示范引领作用。对职工安全文化建设成效突出的企业、工会和个人,在工会组织的各类评先推优项目中给予优先考虑。加大职工安全文化建设在全国"安康杯"竞赛活动评比指标中的比重,表彰一批在职工安全文化建设中涌现出来的先进集体和优秀个人,进一步激发企业、工会和职工干事创业的热情和干劲。

"安康杯"竞赛职工安全文化建设的考核要求

1. 考核内容

根据企业安全文化建设评价准则(AQ/T 9005—2008),考核内容分为11个一级指标,42个二级指标,144个三级指标。其中一级指标为:基础特征、安全承诺、安全管理、安全环境、安全培训与学习、安全信息传播、安全行为激励、安全事务参与、决策层行为、管理层行为和职工层行为。各级指标及权重分配数值见表9-1。

表 9-1 各级指标及权重分配数值

一级指标：基础特征（权重 0.06）				
二级指标		三级指标		
指标名称	权重	指标名称	阐述	权重
企业状态特征	0.06	成长性	企业历史、企业规模与发展前景	0.34
		竞争性	企业在行业中的地位与市场竞争力	0.27
		盈利性	企业盈利状况及盈利预期	0.39
企业文化特征	0.18	开放性	对外来文化和文化变革的态度	0.21
		凝聚力	职工对企业和同伴的信赖程度	0.18
		沟通交流	注重内部及与外部的沟通交流	0.19
		学习氛围	企业及职工对待学习的普遍态度	0.2
		行为规范	职工行为方式的规范化程度	0.22
企业形象特征	0.09	知名度	企业或品牌在行业排名或社会知晓度	0.42
		美誉度	企业社会责任的履行	0.58
企业职工特征	0.26	教育水平	职工受教育程度	0.2
		工作经验	职工平均工作年限或重点岗位职工平均工作年限	0.27
		操作技能	操作技能熟练或胜任工作的职工比例	0.28
		道德水平	职工职业道德与社会公德水平	0.25
企业技术特征	0.19	技术先进	主要技术设备、生产工艺在行业内的先进程度	0.36
		技术更新	在技术更新方面的投入与实施	0.22
		安全技术	安全工程技术的应用情况	0.42
监管环境	0.17	监管力度	地方安全监管部门执法水平与监管能力	0.45
		法规完善	地方性安全生产法规体系完善程度	0.55

续表

一级指标：基础特征（权重 0.06）				
二级指标		三级指标		
指标名称	权重	指标名称	阐述	权重
经营环境	0.02	人力资源	本地区人力资源供给	0.32
		信息资源	本地区可利用信息资源	0.38
		经济实力	本地区总体经济发展水平	0.3
文化环境	0.03	跨民族文化	本地区重要的民族风俗习惯、礼仪传统	0.52
		地域文化	本地区显著的区域文化特征	0.48

一级指标：安全承诺（权重 0.1）				
二级指标		三级指标		
指标名称	权重	指标名称	阐述	权重
安全承诺内容	0.27	完整全面	逐一阐述安全价值观、安全愿景、安全使命、安全目标和安全方针	0.4
		理念先进	所述理念符合科学发展观	0.39
		求真务实	符合本企业实际切实可行	0.21
安全承诺表述	0.22	阐述准确	完整准确地传达内涵	0.27
		语言精练	核心理念易于理解和记忆	0.21
		独到性	受众印象深刻	0.18
		感召力	感染受众引发共鸣	0.34
安全承诺传播	0.21	传播方式	传播形式、传播媒介和传播者	0.3
		传播频度	时间频度与空间频度	0.28
		受众知晓率	职工与相关方知晓率和记忆率	0.42

续表

一级指标：安全承诺（权重0.1）				
二级指标		三级指标		
指标名称	权重	指标名称	阐述	权重
安全承诺认同	0.3	领导示范	决策层成为实践安全承诺的表率	0.3
		职工认同	职工深刻理解并认同安全承诺的内涵，并以实际行为履诺	0.42
		管理实践	管理层身体力行履行企业安全承诺	0.28

一级指标：安全管理（权重0.07）				
二级指标		三级指标		
指标名称	权重	指标名称	阐述	权重
安全权责	0.3	权责明确	企业各级人员拥有明确的安全权责	0.47
		权责匹配	企业各级人员的岗位权限与责任应匹配	0.53
管理机构	0.21	机构设置	企业安全管理部门的设置情况	0.3
		独立履职	充分独立履行职责并可直接向最高领导报告	0.37
		资源配置	充足的人员、经费和装备	0.33
制度执行	0.16	制度保障	从制度上充分保证安全工作的重要性	0.31
		管理权限	安全管理的权威性、独立性	0.29
		制度执行	保证制度执行有效的具体方法	0.4
管理效果	0.33	绩效改善	各种安全绩效指标的确立与实现	0.52
		应急效能	企业应急系统的完善程度	0.23
		事故与事件管理	对各种事故、事件的管理与持续改进	0.25

续表

一级指标：安全环境（权重0.08）				
二级指标		三级指标		
指标名称	权重	指标名称	阐述	权重
安全指引	0.27	视觉识别	参照国家标准正确设置安全视觉识别系统	0.24
		作业指导	为职工提供充分的安全操作规程及安全知识技能培训	0.23
		宣传教育	建立并有效利用各种媒介为职工和相关方进行安全宣传教育	0.2
		安全活动	企业积极组织并鼓励促进安全绩效的活动	0.17
		应激调适	建立应激调适机制使职工产生应激反应时可得到有效的心理咨询	0.16
安全防护	0.39	群体防护	企业对危险作业场所、危险源和危险设备设施配置有效的安全防护装置	0.46
		个体防护	企业为职工配备并定期检查、更换必需的个体防护用品	0.54
环境感受	0.34	安全感	职工对一般作业环境和特殊作业环境的安全感或不安全感	0.41
		舒适感	职工对一般作业环境和特殊作业环境的舒适感或不舒适感	0.29
		满意度	职工对作业环境的整体满意度	0.3

一级指标：安全培训与学习（权重0.1）				
二级指标		三级指标		
指标名称	权重	指标名称	阐述	权重
重要性体现	0.28	培训投入	企业对安全培训制定充足的财务预算并执行	0.25
		优先保证	安全培训与其他工作冲突时会得到优先保证	0.26

续表

一级指标：安全培训与学习（权重0.1）				
二级指标		三级指标		
指标名称	权重	指标名称	阐述	权重
重要性体现	0.28	资源建设	培训资源的规模和质量可以充分满足需求	0.22
		上岗资格	建立并严格执行经安全培训合格方可上岗的用人制度	0.27
充分性体现	0.26	培训机会	每位职工都有机会接受安全培训	0.28
		培训课时	职工可接受满足法规要求或超过要求课时的安全培训	0.23
		培训内容	针对职工实际需要并注重安全行为习惯培养	0.26
		培训方式	职工乐于接受或基本满意	0.23
有效性体现	0.46	态度变化	职工安全意识与安全态度的变化	0.23
		技能提升	职工安全知识技能的提升	0.26
		行为改善	职工行为方式的改善	0.29
		绩效改善	个人安全绩效与组织安全绩效的改善	0.22

一级指标：安全信息传播（权重0.09）				
二级指标		三级指标		
指标名称	权重	指标名称	阐述	权重
信息资源	0.31	管理信息	建立和完善安全管理信息库	0.23
		技术信息	建立和完善安全技术信息库	0.18
		事故信息	建立和完善事故、事件信息库	0.31
		知识信息	建立和完善安全知识信息库	0.28
信息系统	0.34	管理机制	建立完备的信息与传播管理机制	0.25
		平台建设	建立稳定的信息管理与传播平台	0.39

续表

一级指标：安全信息传播（权重0.09）			
二级指标		三级指标	
指标名称	权重	指标名称	阐述	权重

二级指标		三级指标		
指标名称	权重	指标名称	阐述	权重
信息系统	0.34	传播载体	建立足够的信息传播媒介	0.36
效能体现	0.35	便捷性	职工可以便捷地获取信息	0.19
		知晓率	职工可以充分知晓信息	0.33
		交互性	职工可以便捷地交流信息	0.21
		公开性	重要安全信息公开发布	0.27

一级指标：安全行为激励（权重0.08）			
二级指标		三级指标	

二级指标		三级指标		
指标名称	权重	指标名称	阐述	权重
激励机制	0.27	制度化	建立安全激励制度或制度条款	0.28
		优先权	所有激励中均将安全绩效指标作为首要指标	0.25
		完善度	所有促进安全绩效改善的行为与成绩均会受到鼓励	0.21
		导向性	惩罚体现不注重错误本身而注重吸取教训的原则	0.26
激励方式	0.36	领导示范	决策层和管理层成为促进安全绩效改善的表率	0.19
		榜样树立	企业树立了安全生产的各类榜样	0.2
		物质奖励	企业设有多种形式的物质奖励	0.22
		荣誉待遇	企业设有各种荣誉称号并给予相应待遇	0.21
		提拔升迁	提拔重用安全业绩优异的职工	0.18
激励效果	0.37	广泛知晓	所有激励被职工广泛知晓	0.22

续表

一级指标：安全行为激励（权重0.08）			
二级指标		三级指标	
指标名称	权重	指标名称	阐述	权重
激励效果	0.37	绩效改善	促进了职工个人与团队安全绩效的改善	0.27
		行为改善	促进了职工行为的改善	0.29
		正面效应	奖励与惩罚均不导致职工的消极态度或消极行为	0.22

一级指标：安全事务参与（权重0.08）			
二级指标		三级指标	
指标名称	权重	指标名称	阐述	权重
安全会议与活动	0.17	安全会议	企业定期邀请职工代表参加有关安全会议	0.53
		安全活动	企业鼓励职工开展和参与各种安全活动	0.47
安全报告	0.35	报告制度	企业建立并不断完善有关事故、事件、隐患、缺陷等的安全报告制度	0.3
		报告渠道	保持职工报告渠道通畅和便捷	0.26
		反馈效率	及时反馈报告处理结果并鼓励报告者	0.2
		信息共享	职工及时知晓事故、事件、隐患、缺陷等信息并获得针对性培训	0.24
安全建议	0.26	建议制度	企业建立鼓励职工安全建议的制度并不断完善	0.29
		建议渠道	保持职工建议渠道通畅与便捷	0.27
		建议反馈	及时反馈并鼓励建议者	0.23
		建议采纳	积极采纳有价值的建议促进安全绩效改善	0.21
沟通交流	0.22	职工间沟通	职工之间保持良好的安全信息沟通交流	0.26

续表

一级指标：安全事务参与（权重0.08）				
二级指标		三级指标		
指标名称	权重	指标名称	阐述	权重
沟通交流	0.22	管理层沟通	管理层之间保持良好的安全信息沟通交流	0.24
		上下级沟通	上下级之间保持良好的安全信息沟通交流	0.32
		承包商沟通	企业与承包商之间保持良好的安全信息沟通交流	0.18

一级指标：决策层行为（权重0.11）				
二级指标		三级指标		
指标名称	权重	指标名称	阐述	权重
公开承诺	0.25	公布安全政策	亲自公布安全承诺与安全政策	0.42
		建立责任体系	亲自参与建立安全责任制和重大安全决策	0.58
责任履行	0.41	人事政策	安全素质或安全绩效作为人事升迁的重要依据	0.27
		安全投入	保证充分的人财物投入	0.38
		职工培训	定期对职工做行为观察与安全培训	0.35
自我完善	0.34	知识更新	接受充分的安全培训并自我学习	0.36
		外部交流	经常与外部安全专家沟通交流	0.31
		表率示范	成为严格遵守执行安全制度与个人良好安全素质的表率	0.33

续表

一级指标：管理层行为（权重0.11）			
二级指标		三级指标	
指标名称	权重	指标名称	阐述	权重
责任履行	0.4	明确职责	明确所承担的安全责任并严格履职	0.22
		完善制度	建立健全安全制度与操作规程并确立安全目标	0.22
		监督合作	部门之间保持安全责任的相互监督与相互配合	0.2
		知识技能	充分掌握满足职责需要的安全管理知识和技能	0.19
		安全绩效	促进安全绩效的持续改善	0.17
指导下属	0.27	资格审定	安全素质或安全绩效作为人事录用与升迁的重要依据	0.35
		组织培训	有效组织实施安全培训	0.33
		行为观察	经常到现场观察职工行为并给予指导	0.32
自我完善	0.33	知识更新	主动学习安全管理知识技能	0.22
		沟通交流	主动与内外部专家交流安全信息或管理经验	0.26
		监督检查	定期邀请上级或安监部门或安全专家监督检查安全工作	0.27
		表率示范	成为严格遵守执行安全管理制度与个人良好安全素质的表率	0.25
一级指标：职工层行为（权重0.12）			
二级指标		三级指标	
指标名称	权重	指标名称	阐述	权重
安全态度	0.23	责任意识	具有对自己并对他人安全健康负责的意识	0.35

第9章 "安康杯"竞赛活动的职工安全文化建设

一级指标：职工层行为（权重0.12）				
二级指标		三级指标		
指标名称	权重	指标名称	阐述	权重
安全态度	0.23	法规意识	具有严格遵守安全规章和作业规范的意识	0.29
		行为意向	具有只在确保安全的前提下才进行作业的行为意向	0.36
知识技能	0.25	岗位技能	安全知识技能与操作技能胜任岗位要求	0.37
		辨识风险	具备作业前辨识风险并有效防范的能力	0.33
		应急处置	具备应急自救与互救的技能	0.3
行为习惯	0.32	相互交流	乐于与同伴相互交流安全经验与信息	0.16
		主动学习	主动学习安全知识技能并乐于参加培训	0.17
		主动参与	主动参加安全活动并对工作中发现的问题及时提出建议或报告	0.16
		沉着应变	面对变化时善于分析思考并能正确应对	0.13
		安全确认	作业前首先辨识风险并确认安全防护措施	0.18
		遵守规范	遵守规范严谨行事	0.2
团队合作	0.2	关心他人	主动关心他人安全并善于保护他人安全	0.25
		相互信任	充分信任同伴的团队精神和安全素质	0.28
		互助合作	愿意与同伴合作解决工作中遇到的问题	0.26
		团队绩效	以个人安全绩效促进团队安全绩效	0.21

相关说明：

所有一级指标的权重之和等于1；

每个一级指标所属的二级指标的权重之和等于1；

每个二级指标所属的三级指标的权重之和等于1；

进行安全文化建设评价的企业，可以根据本企业的特点、安全文化建设的侧重点等要素，对部分指标参考权重进行调整。

2.评分方法

评分时，只对三级指标进行实际打分，二级指标和一级指标都是通过相应的数学公式和计算方法计分。

采用"百分制"进行评分，每个指标的最高分为100分，最低分为0分。

以"基础特征"指标系的评分作为示例，其他指标系及总分的评分可参考此例（见表9-2）。

表9-2 测评方法示例

一级指标系：基础特征					
二级指标	权重N_j	三级指标	权重K_i	测评方法	评分M_i
优：80~100分　良：50~80分　一般：0~50分					
企业状态特征	0.06	成长性	0.34	资料收集及分析问卷调查	
		竞争性	0.27		
		赢利性	0.39		
企业文化特征	0.18	开放性	0.21	小组座谈问卷调查现场观察	
		凝聚力	0.18		
		沟通交流	0.19		
		学习氛围	0.2		
		行为规范	0.22		
企业形象特征	0.09	知名度	0.42	资料收集及分析问卷调查	
		美誉度	0.58		

续表

一级指标系：基础特征					
二级指标	权重 N_j	三级指标	权重 K_i	测评方法	评分 M_i
企业员工特征	0.26	教育水平	0.2	材料审核问卷调查	
		工作经验	0.27		
		操作技能	0.28		
		道德水平	0.25		
企业技术特征	0.19	技术先进	0.36	材料审核问卷调查	
		技术更新	0.22		
		安全技术	0.42		
监管环境	0.17	监管力度	0.45	问卷调查	
		法规完善	0.55		
经营环境	0.02	人力资源	0.32	资料收集及分析	
		信息资源	0.38		
		经济实力	0.3		
文化环境	0.03	跨民族文化	0.52	资料收集及分析问卷调查	
		地域文化	0.48		

二级指标最终得分计算公式为：

$$J_j = \sum_{i=1}^{n} K_i M_i \quad (9\text{-}1)$$

式中：J_j——第 j 个二级指标最终得分值；

K_i——第 i 个三级指标权重；

M_i——第 i 三级指标评分值；

n——三级指标的个数。

一级指标最终得分计算公式为：

$$E_k = \sum_{j=1}^{m} N_j \cdot J_j \qquad (9\text{--}2)$$

式中：E_k——第 k 个一级指标最终得分值；

N_j——第 j 个二级指标权重；

m——二级指标的个数。

总分计算公式为：

$$Z = \sum_{k=1}^{p} Z_k \cdot E_k \qquad (9\text{--}3)$$

式中：Z——对该企业安全文化建设测评的总分；

Z_k——第 k 个一级指标权重；

p——一级指标的个数。

即每个一级指标的考核得分乘以各自对应的权重，然后加和得到企业安全文化测评总分值。

第 10 章

"安康杯"竞赛活动与工会劳动保护监督

第 10 章 "安康杯"竞赛活动与工会劳动保护监督

劳动保护是指为了保障劳动者在生产劳动过程中的安全与健康,从法律、制度、组织管理、教育培训、技术、设备等方面采取的一系列综合措施。工会组织行使维护职工安全健康权益职能,劳动保护监督检查工作为其基本和行之有效的方法。它是企业安全生产不可或缺的重要环节,是企业持续稳定发展的根本保障。工会监督权的正常行使,正是劳资合作的必然要求,不仅能保障劳动者的工作环境权,也能维护企业正常经营的权益,从而实现利益双赢与和谐的劳资关系。

开展群众性劳动保护工作是由工会自身的性质决定的,也是党和国家赋予工会的重要职责,它既关系到国家的根本利益,也关系到职工群众的切身利益,所以党和国家历来十分重视工会组织在劳动保护工作中的重要作用,在《劳动法》《工会法》《职业病防治法》《安全生产法》《中国工会章程》等一系列法律法规和政策中,都明确了工会在劳动保护工作中的群众监督地位、职责和职权,这些规定既是工会依法开展工会劳动保护工作的基本法律依据,也是对工会开展好劳动保护群众监督工作的根本政策保障。《安全生产法》第七条和第六十条、《职业病防治法》第四十条均明确了工会在劳动保护监督检查中的权利和义务。工会参与企业职业安全卫生监管工作具备自身独特优势。

一 工会劳动保护监督的内容

工会实现上述任务、做好工会劳动保护工作的主要手段就是依法行使好

"五权",即对企业有关劳动保护和安全生产的情况有"知情权";对企业生产过程的不安全、不卫生等状况及发生的伤亡事故有"独立调查权";对企业或有关人员在生产过程中、在劳动保护和安全生产方面的违法违章行为,工会有要求立即停止、立即纠正及对有关责任人员作出处理和对事故提出解决建议的"建议权";对劳动保护法律法规制定、修改、对劳动保护的重大决策及企业安全生产管理的"参与权";对职工群众进行劳动保护和安全生产宣传教育的"教育权"。主要体现在以下几个方面。

1. 劳动条件

劳动者有获得劳动安全卫生保护的权利。劳动安全卫生保护,是保护劳动者的生命安全和身体健康,是对享受劳动权利的主体切身利益最直接的保护。由于劳动总是在各种不同环境、条件下进行的,在生产中存在着各种不安全、不卫生的因素,如不采取防护措施,就会造成工伤事故和引起职业病,危害劳动者的安全和健康。如果劳动保护工作欠缺,导致的后果不是某些权益的损失,而是劳动者健康和生命的直接伤亡,对任何一个劳动者而言,生命是行使劳动权利的前提,没有生命,享受任何权利都是一句空话。目前我国已制定了大量的关于劳动安全保护方面的法规,形成了安全技术法律制度、职业安全卫生行政管理制度及劳动保护监督制度,但有些用人单位对于劳动安全保护的重要性还认识不够,有些则无视对劳动者劳动安全保护的责任,尤其在一些乡镇企业和个别的三资企业出现为追求利润,降低劳动条件标准,以致发生恶性事故的现象。《劳动法》规定,用人单位必须建立、健全劳动安全卫生制度,严格执行国家安全卫生规程和标准,为劳动者提供符合国家规定的劳动安全制度,严格执行国家安全卫生规程和标准,为劳动者提供符合国家规定的劳动安全卫生条件和必要的劳动防护用品,对从事特种作业的人员进行专门培训,防止劳动过程中的事故,减少职业危害。

2. 教育培训

用人单位应该对劳动者进行劳动保护方面的教育与培训。《安全生产法》

明确规定，生产经营单位应当对从业人员进行安全生产教育和培训，保证从业人员具备必要的安全生产知识，熟悉有关的安全生产规章制度和安全操作规程，掌握本岗位的安全操作技能，了解事故应急处理措施，知悉自身在安全生产方面的权利和义务。未经安全生产教育和培训合格的从业人员，不得上岗作业。尤其需要注意的是生产经营单位使用被派遣劳动者的，应当将被派遣劳动者纳入本单位从业人员统一管理，对被派遣劳动者进行岗位安全操作规程和安全操作技能的教育和培训。劳务派遣单位应当对被派遣劳动者进行必要的安全生产教育和培训。这要求生产经营单位将被派遣者与本单位从业人员一样对待和管理，统一纳入安全生产教育和培训计划，严格按照岗位特点、人员结构、新职工或者调换工种人员情况，统一组织安全生产教育和培训，保证相同岗位、相同人员（被派遣劳动者和本企业从业人员）达到同等水平，从源头提高劳务派遣职工的安全意识及安全技能，是减少、防止事故发生的有效手段。此外，生产经营单位接收中等职业学校、高等学校学生实习的，应当对实习学生进行相应的安全生产教育和培训，提供必要的劳动防护用品。防止实习学生工伤事故的发生。

3. 建章立制

用人单位应该建立劳动保护方面的规章制度。《工会法》规定，工会依照法律规定通过职工大会或者其他形式，组织职工参与本单位的民主决策、民主管理和民主监督。《安全生产法》规定，生产经营单位制定或修改有关安全生产的规章制度，应当听取工会的意见，明确了工会依法具有"话语权"。《北京市安全生产条例》第十八条规定，生产经营单位应当制定下列安全生产规章制度：一是安全生产教育和培训制度；二是安全生产检查制度；三是生产安全事故隐患排查治理制度；四是具有较大危险因素的生产经营场所、设备和设施的安全管理制度；五是危险作业管理制度；六是特种作业人员管理制度；七是劳动防护用品配备和管理制度；八是安全生产奖励和惩罚制度；九是生产安全事故报告和调查处理制度；十是其他保障安全生产的规章制度。显然，企业制定或修改上述相关制度时应听取工会意见。

4. 休息休假

用人单位应保证劳动者享有休息休假的权利。劳动者有休息的权利，国家建设劳动者休息和休养的设施，规定职工的工作时间和休假制度。我国《劳动法》规定的休息时间包括工作间歇、两个工作日之间的休息时间、公休日、法定节假日以及年休假、探亲假、婚丧假、事假、生育假、病假等。近年我国对休息制度作了较大调整，由原来的每周48小时工作制，改为44小时。缩短工时是提高劳动生产率的一种手段，也适应了劳动者生活水平提高的需要。休息休假的法律规定既是实现劳动者休息权的重要保障，又是对劳动者进行劳动保护的一个方面。《劳动法》规定，用人单位不得任意延长劳动时间。

5. 特殊保护

用人单位对于女职工和未成年工应提供特殊保护。《女职工劳动保护特别规定》《妇女权益保障法》《劳动法》等对保障女职工合法权益作出了相关规定，新《工会法》规定，女职工劳动保护工作是女职工权益保障中的重要内容，各级工会女职工组织要充分利用工会维护女职工合法权益和特殊利益的途径和手段，做好女职工劳动保护工作。工会组织中要配备专兼女职工委员，负责女职工劳动保护工作的具体落实；监督协助制定国家和本单位有关女职工劳动保护规定措施；监督协助建立和管理好妇幼保护设施；配合卫生部门，对女职工进行妇女卫生知识的宣传教育，建立定期普查、普治妇科病制度。从工会的性质、职责等各方面来说，工会都是维护女职工权益的重要力量，需要在社会大局中肩负起一份责任。

工会劳动保护监督的形式

1. 事前监督

工会参与企业安全卫生决策。在劳动合同中,工会在与用人单位签订集体合同时,应就劳动安全卫生事项作出约定,保证用人单位遵守国家法律规定,并尽可能制定更为严格的标准。工会有权参与企业安全卫生方面的决策,与企业合作改善劳动者的安全卫生条件;工会组织对劳动保护监督的另一种重要的监督方式是知情权的行使。对于信息的掌握是工会监督的基础,与个别劳动者的知情权相对应的是工会行使的是劳动者集体的知情权;除了参与政策制定和知情权的行使,工会行使监督权的另一种方式是教育培训,这包括工会自身接受教育培训获取履行监督职权所必需的知识。工会要对劳动者进行教育培训,使其了解自身的权利和法律规定以及职业安全方面的必备知识。

2. 事中监督

事中监督表现为工会参与定期与不定期的检查,了解企业是否切实履行了劳动保护义务。例如《安全生产法》第六十条规定,工会有权对建设项目的安全设施与主体工程同时设计、同时施工、同时投入生产和使用进行监督,提出意见。工会对生产经营单位违反安全生产法律、法规,侵犯从业人员合法权益的行为,有权要求纠正;发现生产经营单位违章指挥、强令冒险作业或者发现事故隐患时,有权提出解决的建议,生产经营单位应当及时研究答复;发现危及从业人员生命安全的情况时,有权向生产经营单位建议组织从业人员撤离危险场所,生产经营单位必须立即作出处理。工会有权依法参加事故调查,向有关部门提出处理意见,并要求追究有关人员的责任。监督企业安全卫生达标,在不达标时,工会有权向企业提出建议和意见。而在特殊紧急的状态,由行政机关进行执法已经不太现实,而工会进行维权则是一种必要的选择。

3. 事后监督

在侵害产生之后，工会应当参与纠纷解决，帮助劳动者维护自身受损的权利，向用人单位索取赔偿，从而恢复利益平衡的状态。工会有权参与事故的调查，查明事故原因，做好事故受害人及家属的安抚工作，并就解决方案提出意见，避免事故再次发生。此外工会还可就用人单位未能履行劳动保护义务的行为，运用仲裁或者司法途径寻求救助。

工会劳动保护监督的考核要求

工会对劳动保护的监督是群众监督，重点在基层、在企业，因此它主要是指工会代表和组织职工群众依法对企业各级经营管理人员贯彻执行党和国家有关劳动保护方针政策、法律法规及职工个人或群体遵守有关法规、制度进行监督检查。监督是工会劳动保护工作的首要任务，也是工会在劳动保护工作中应当承担的首要职责，监督的方法包括：

1. 安全检查

安全检查是工会劳动保护群众监督工作的重要手段之一。安全检查的内容主要涉及安全管理、作业现场和工作环境等方面内容，具体包括：（1）检查法规政策的落实，即检查企业贯彻党和国家安全生产方针政策、法律法规的落实情况。（2）检查组织机构和安全制度，即检查安全生产组织机构的建立健全，安全生产责任制、安全生产法规、操作规程和安全知识的教育培训及效果以及安全活动周、安全活动月等活动开展情况。（3）检查设备管理，即检查设备维护保养、设备巡检的执行情况，重要设备的安全状态等。（4）检查设备维修，即检查重大检修项目，确认制度的执行情况、施工技术力量的确认、防范措施的落实以及事故危险度预测等。（5）检查事故隐患，即检查事故隐患和职业危害的整改治理、事故危险源的控制和应急措施的落实等。(6)检查职工个体防护和作业现场，即检查职工劳动保护用品的发放标准及发放情况，尘毒源、点的防范，操作间及工作现场的噪声以及降低噪声的措施，操作室通风、取暖和夏季防暑降温等职业安全卫生情况及条件。安全检查的目的就是通过检查，及时发现生产中的安全隐患和危害职工身体健康的因素，找出劳动保护技术和措施落实方面的薄弱环节，从而采取各种有效措施，进一步健全劳动保护制度，落实生产安全和工业卫生措施，解决迫切需要解决的问题，同时也使职工受到安全生产方针政策及规章制度的教育，防患于未然。安全检查的方法，一般可采用经常性检查、定期检查和专业检查与季节性检查等方式。具体做法是：经常性检查由企业安全管理者或部门组织、工会有关人员参加进行，或者由他们指导安全技术人员、车间和班组干部、劳动保护监督检查员、职工群众进行安全卫生自查、周查和月查。企业、车间、班组可根据自身特点，自己编制安全卫生检查表，这样既可方便检查，又可使经常性的安全检查基础更扎实、更准确、更有效。定期检查由企业组织、工会参加，可规定在季度、半年或一年时进行安全检查。定期检查相对稳定，检查得比较细致、严格。专业性和季节性检查是根据行业特点和季节性进行的专项安全检查，如防火、防爆、防暑检查等。专项检查一般是针对一定行业、一定时期易发的安全生产突出问题进行的。开展群众性安全检查，关键是要真正发动群众，发挥广大职工群众监督检查的积极性，做到"学会监督""敢于监督""善于监督"，利用职工群众的力量把企业安全生产搞好。

2. 监控与监督整改

事故隐患是指在生产过程中有可能导致事故，但通过一定办法或采取措施能够排除或抑制的潜在的不安全因素。职业危害作业点是指由于工艺技术、设备、卫生防护设施等的缺陷，致使生产劳动环境中存在一些物理的、化学的、生物的有害物质，可能对接触者造成职业危害或患职业性疾病的作业点。实施对事故隐患和职业危害的监控与监督整改,是贯彻落实"安全第一,预防为主"方针和预防各种事故及职业病关口前移的一项重要举措。工会要积极监督行政对各类安全隐患的落实和整改,监督行政对工会三级网络和职工安全代表安全信息的采纳和落实的闭环管理。凡是能在班组、车间和企业内解决的事故隐患和职业危害作业点,工会应列为跟踪监督检查的目标,监督与协助行政实施整改;对可能发生火灾、爆炸、坍塌和急性中毒等事故隐患和职业危害作业点,要作为跟踪监督整改的重点。监督整改的总原则就是:凡可以解决的问题,应督促企业落实整改措施及时解决;凡暂时不能解决的问题,工会应视情况向行政提出限期整改的意见,并协助行政确定解决措施、解决时间及负责人;凡能列入企业安全措施计划、大修计划、技术改造工程和其他项目的事故隐患,工会应建议并督促企业行政将其列入有关措施计划认真落实;重大问题应提交职代会审议并监督执行;在事故隐患和职业危害作业点整改措施未落实期间,工会应建议、协助并监督企业行政采取应急防范措施;当遇有行政领导违章指挥、强令工人冒险作业或生产过程中发现明显重大事故隐患和职业危害时,工会有权组织职工撤离危险现场。建立健全监控与监督整改体系,将专业安全管理和群众性劳动保护监督检查有机结合起来,将劳动保护的重点从事故发生后的处理转移到事故的预防上来,使职工真正成为安全生产的主力军。提高职工的安全意识和安全技能,达到全员、全方位和全过程安全管理的目的。

3. 生产事故调查处理

企业安全生产事故和严重职业危害的发生,直接给职工的生命和健康带来严重损害,涉及职工根本利益和切身利益,工会必须从维护职工利益这一基本职责出发,认真参加事故和危害问题的调查处理工作。《工会法》(2021年)第二十七条规定:"职工因工伤亡事故和其他严重危害职工健康问题的调查处理,必须有工会参加。工会应当向有关部门提出处理意见,并有权要求追究直接负责的主管人员和有关责任人员的责任。对工会提出的意见,应当及时研究，给予答复。"《安全生产法》（2021年）第六十条第三款规定："工会有权依法参加事故调查，向有关部门提出处理意见，并要求追究有关人员的责任。"生产安全事故的调查处理，直接关系职工的利益，工会作为职工群众组织，有权关心和参加事故的调查处理工作。任何组织和个人都不得阻挠工会参加调查。工会根据调查的实际情况，有权提出处理意见，对造成事故的直接负责的主管人员和其他直接责任人员，有权要求追究其法律责任。《职业病防治法》（2018年）第四十条第二款规定："工会组织对用人单位违反职业病防治法律、法规，侵犯劳动者合法权益的行为，有权要求纠正；产生严重职业病危害时，有权要求采取防护措施，或者向政府有关部门建议采取强制性措施；发生职业病危害事故时，有权参与事故调查处理；发现危及劳动者生命健康的情形时，有权向用人单位建议组织劳动者撤离危险现场，用人单位应当立即作出处理。"《生产安全事故报告和调查处理条例》（2007年）第六条规定："工会依法参加事故调查处理，有权向有关部门提出处理意见。"

（1）工会要站稳职工立场，勇于"亮剑"维权

安全生产事故中的职工，相对于用人单位是弱势群体，工会作为职工利益的代表方，要最大限度地维护被伤害职工的名誉和经济利益。工会干部作为事故调查组成员，在事故调查过程中，要以受害职工"娘家人"的身份，时刻站在职工的立场发声，排除其他利益相关方的干扰，以事实为依据，以法律为准绳，勇于"亮剑"，最大限度地维护职工的合法权益。

（2）查明事故原因，厘清事故责任

在事故调查中，工会干部要查明用人单位是否建立健全安全生产责任制、安全生产规章制度和操作规程；是否为职工提供符合安全要求的工作场所；是否给职工组织安全生产培训；是否对接触职业病危害因素的职工进行职业健康体检；是否给职工购买工伤保险；是否给职工发放符合要求的劳动防护用品；与职工签订的劳动合同中是否告知职工从事的工作的危险有害因

素和事故应急措施；对于发生的事故是否存在瞒报、漏报等违规行为等，避免其他利益方将事故主要责任推向职工。

（3）做好善后处理，维护职工权益

根据《安全生产法》（2021年）第五十六条第二款的规定："因生产安全事故受到损害的从业人员，除依法享有工伤保险外，依照有关民事法律尚有获得赔偿的权利的，有权提出赔偿要求。"事故发生后，工会一要跟踪落实伤亡职工是否享有工伤保险待遇并及时足额得到赔偿；二要通过事故总结经验教训，找出生产和管理中的不足，按照"四不放过"原则（事故原因未查清不放过、责任人员未处理不放过、责任人和群众未受教育不放过、整改措施未落实不放过），采取切实有效的措施，督促和监督这些措施落实到位；三要做好伤亡人员及其家属的慰问和安抚工作，体现人文关怀。

（4）特殊保护

特殊保护是针对女职工和未成年工的生理特点和在生产劳动过程中的一些特殊需要而实施的保护。《女职工劳动保护特别规定》（2012年）、《妇女权益保障法》（2018年）、《劳动法》（2018年）等对保障女职工合理权益作出了相关规定。依据2012年颁布的《女职工劳动保护特别规定》的规定：用人单位应当遵守女职工禁忌从事的劳动范围的规定。用人单位应当将本单位属于女职工禁忌从事的劳动范围的岗位书面告知女职工。国务院安全生产监督管理部门会同国务院人力资源社会保障行政部门、国务院卫生行政部门，根据经济社会发展情况，对女职工禁忌从事的劳动范围进行调整。对未成年工的保护主要是不得安排其从事矿山井下、有毒有害、国家规定的第四级体力劳动强度的劳动和其他禁忌劳动，用人单位要对其定期进行健康检查。女职工和未成年工的特殊保护是企业劳动保护工作不可缺少的重要方面，也是工会劳动保护部门和工会女职工组织依法履行维护职责的重要领域。工会对企业行政实施特殊保护监督的做法主要是协助和督促有关部门将女职工的劳动保护纳入行政管理，建议行政主管部门指定专职或兼职人员具体负责女职工劳动保护工作。在企业招收新工人和调整劳动组织时，要根据女职工的特点分配适当的工作。凡适合女职工劳动的岗位，不得以种种借口排挤女职工；对目前从事不适合女性生理特点作业的女职工，要逐步调整其工作；暂时调整不了的，要努力改善劳动条件。

工会劳动保护监督管理机制

随着我国经济社会的发展和市场环境的变化，促使企业的组织形式、管理模式，国家的劳动用工制度，国家、企业、职工三方的利益格局等发生了一些变化，工会劳动保护监管工作的实施也面临着新情况、新问题。工会组织作为安全生产、安全管理、职工管理、民主化管理的重要组成部分，需要在劳动保护监管工作中承担好自身职责，在稳定职工队伍、维护职工合法权益，保障职工健康安全，激发职工积极性和热情，增强企业生产建设经济效益等方面发挥好作用。工会组织要做到与时俱进，根据实际需要，不断地创新和完善工会劳动保护监督管理机制，建立一个长效监管机制，并加强基层工会组织建设、队伍建设，以提高监管工作的水平和效率。

1. 转变观念意识

要充分认识到工会劳动保护监督管理工作开展和实施的重要作用，把握自身工作中的不足和问题，明确主要职责和任务，树立正确的观念意识。其工作的开展和实施要准确把握当前形势下我国安全生产劳动保护的新情况、新问题，在此基础上进一步推进思想观念、监管手段、安全科技、安全文化等的创新，构建方便可行、行之有效、企业和职工欢迎的工会劳动保护监管机制。其工作的开展和实施要突出以人为本的价值理念，能够切实保障和维护职工群体的合法权益。积极推进工会劳动保护监督管理向法治方向转变，严格依照国家相关的法律规范，实施规范有序的监管；要转变以往工作被动防范的情况，从源头上进行管理，通过对市场和企业的监督，有效规避不安全生产情况和问题。确保相关工作的实施向规范化、经常化、制度化方向转变，根据实际工作的需要，建立长效监管机制。

2. 建立健全各级工会劳动保护监督网络

要按照《工会劳动保护监督检查员工作条例》要求，建立政府、企业、群众网络化劳动保护监督检查体系，形成自下而上的工会劳动保护监督检查工作体系和组织网络。在劳动保护三级网络建设中，落实好各级责任人，不断开展业务培训，通过培训学习，使三级网络人员了解工会劳动安全保护的理论知识、安全管理工作要求，知晓劳动保护三级网络的职责和任务，不断提升劳动保护监督人员的责任意识、业务能力等综合素质，有利于在劳动保护监督参与中发挥积极作用。工会领导和工会劳动保护监督检查员要掌握劳动保护监督武器，努力学好党和国家有关安全生产技术、劳动保护的方针、政策和法令、法规等知识，特别是工会劳动保护"三个工作条例"的知识，并通过学习培训获取"工会劳动保护检查员证"和"安全主任证"等资格证，这样才能高效发挥劳动保护监督水平，才能进行有效的监督。工会要主动担负起监督检查的责任，在建立和健全工会劳动保护监督检查网络的同时，工会劳动保护检查员在职工劳动保护问题上，要敢于坚持原则，敢于维护职工的利益，做到敢为职工说话，敢为职工办事。要充分发挥工会劳动保护群众监督的作用，工会劳动保护监督检查员不仅要有满腔的热情和丰富的劳动保护工作经验，更要有灵活多样的工作方法和勇于做职工的贴心人的大无畏精神，到基层中去、到群众中去做好群众工作，才能把劳动保护监督工作做好。

3. 建立完善源头参与机制

一方面是立法和政策制定层面参与，与各级人大、政府等部门合作，参与相关政策的研究制定，发挥工会代表作用。在当前职业安全卫生方面的立法不够完善的情况下，工会作为维护职工权益的代表，直接参与涉及职工权益的政策法规的制定工作，才能从根本上保障职工权益。另一方面是参与企业劳动保护监督管理。通过主动参与企业职业安全卫生的政策、制度的制定，参与企业职业安全卫生管理计划审核等，经职工代表大会平等协商解决方案，就企业有关劳动安全卫生等事项进行协商、落实，对企业的安全决策、安全投入、劳动安全卫生条件等关系到职工切身利益的重大问题，进行审议和监督实施，从源头上代表并反映职工群众的意愿和诉求，从源头上维护职工权益。

4. 深化职工职业健康安全代表制度

深化职工职业健康安全代表制度是开展工会劳动保护的重要途径。职工职业健康安全代表制度是工会开展劳动保护的一项重要举措。职工职业健康安全代表分布在各个班组中，可以实时、及时地发挥作用，促进班组安全生产。深化职工职业健康安全代表制度，要注重发挥职工职业健康安全代表的三个职能：

第一，要发挥职工职业健康安全代表的安全员职能，促进班组安全工作"双提高"。职工职业健康安全代表要配合班组长每月组织职工开展岗位安全学习，定期在岗位开展"反事故演练"等相关活动，促进班组职工安全意识、安全技能的双提高。

第二，要发挥职工职业健康安全代表的监督员职能，强化班组安全工作"双指正"。通过职工职业健康安全代表对班组职工违章行为的指正，加大班组的违章指正力度，提升指正的质量；通过职工职业健康安全代表对设备的状态指正，及时发现运行隐患并促其解决，为设备的安全运行提供保障。

第三，要发挥职工职业健康安全代表的信息员职能，实现班组安全信息"双沟通"。在班长的支持下，职工职业健康安全代表要在班组设立职业健康及安全信息台账，收集班组职工对职业健康、安全等方面的意见或建议，及时向有关部门反映，并及时向班组职工传达公司相关安全生产信息，实现班组安全信息的双向沟通。

通过职工职业健康代表三个作用的发挥，可以有效促进班组的安全工作。同时，要加大对职工职业健康安全代表履行职责的评价力度，各级工会在加强职工安全代表日常管理的同时，不定期开展对职工职业健康安全代表履职情况的评价检查，不断优化职工职业健康安全代表的信息处理流程，减少信息的流转时间，将信息处理情况和隐患整改情况及时反馈给下级工会和信息提出人，能立即整改的最迟三天内反馈，需要列入整改计划的最迟一周内反馈，实现安全信息收集、上报、整改跟踪、反馈的闭环管理。

5. 发挥"安康杯"竞赛的作用

"安康杯"竞赛活动的最初形式是 20 世纪 80 年代中期由内蒙古自治区包头市总工会等部门首创，经实践不断完善，而后逐步在内蒙古自治区全区推开。经过几年在全区开展"安康杯"竞赛活动，内蒙古自治区的安全生产状况逐年改善，工伤事故连年下降，效果十分显著。1998 年，中华全国总工会和原国家经贸委在总结内蒙古自治区开展"安康杯"竞赛活动经验的基础上，对这种活动形式给了充分的肯定，并在进一步完善和充实活动内容、形式的基础上在全国逐步展开。目前，"安康杯"竞赛活动是工会开展劳动保护工作的一个重要抓手，很多企业根据上级工会制定的竞赛活动主题开展相关活动。

多年来，各级工会以"安康杯"竞赛和"安全生产 1000 班组"建设等为载体，推进安全生产健康宣传教育活动融入企业，引导企业营造"关爱生命，关注安全"的安全生产氛围。在实施过程中，注重将"安康杯"竞赛活动与企业安全健康管理体系、工会监督管理三级网络建设相结合；与培训教育、提高职工安全素质和技能水平相结合，开展合理化建议、群众性安全技术创新活动；与安全监控、整改事故隐患相结合，广泛开展群众性查隐患、堵漏洞、群防群治活动。进而对普及全民安全健康意识，提高安全生产效益起到积极作用。

第 11 章

"安康杯"竞赛活动的创新与实践

第11章 "安康杯"竞赛活动的创新与实践

 "安康杯"竞赛活动的创新载体

开展"安康杯"竞赛活动，是企业落实《安全生产法》和保障职工权益的有效载体和品牌工程；是有效开展安全教育和"安康杯"竞赛活动对提高职工的安全操作技能，消除安全隐患，维护广大职工生命安全健康权益，促进企业安全生产和社会和谐进步的有效形式；开展"安康杯"竞赛的目的是通过竞赛，增强安全生产管理领导者的安全生产意识、职工安全生产知识水平和能力、完成安全生产各项指标等，不断推进企事业单位的安全生产工作和安全文化建设，不断扩大社会影响，提高全民安全生产意识，最终降低各类事故的发生率和各类职业病的发病率。同时"安康杯"竞赛活动作为维护职工安全健康权益的重要手段，是深化工会劳动保护有形的抓手，也是岗位职工参与企业安全生产、推动企业安全生产上水平的重要平台。只有牢固树立"红线"意识和安全发展理念，创新"安康杯"竞赛的活动载体，进一步提高"安康杯"竞赛的效果，才能守住职工的健康和安全，推动企业可持续发展。当前科学技术发展日新月异，想要推动创新，新的创新载体至关重要，要与"安康杯"的自身特点相辅相成，相互促进。

1. 创新多样化的竞赛主题

"安康杯"竞赛活动的主题每年都会有所改变，并且在题目设计上力求多样化。除了传统的关于生产制造和工程设计，如机械制造、电子设备、家庭防火等安全问题外，"安康杯"安全知识竞赛还关注其他领域的创新，如安全智慧城市、职工职业病医疗、环保节能等。这种多样化的竞赛主题，能够满足参赛者的多元化需求，拓展参赛者对于安全的认识，除了能够清楚认识到在工作中遇到的生产制造安全问题，也能提高对日常生活中安全隐患的防范意识以及对于职业病的预防意识，同时，多样化的竞赛主题也能够反映出我国经济社会的发展趋势和方向。近年来，随着互联网技术和移动通信技术的发展，互联网时代已经到来，在社会向注重经济型的社会逐渐转型过程中，民众的生活条件和工作环境都得到了进一步的提升，但同时先进机械、网络信息、家用电器等带来的安全问题也不可忽视。"安康杯"竞赛活动就是以解决现实中存在的安全问题为目标，将企业、学校、政府组织以及社会团体有机结合起来，通过开展各种形式的比赛来促进企业提高安全意识和职工安全素质。它不仅是一种具有较强操作性的竞赛模式，而且是一项提升全社会安全意识和加强全民防范意识的重要举措。多元化的竞赛主题使其具备很好的参与性和可操作性，能够更好地调动起各方面力量积极参与到这一工作中来。多元化的竞赛主题同时也对参赛人员提出了更高要求：一是要有良好的安全意识、专业能力；二是需要扎实的理论知识储备，对日常工作中出现的安全隐患要有良好的嗅觉；三是要具备丰富的实践经验；四是需要较快的应变能力。这些条件的共同作用使得"安康杯"竞赛成了一个综合性很强的竞赛项目，对提高职工的安全操作技能、消除安全隐患、维护广大职工生命安全健康权益、促进企业安全生产和社会和谐进步具有重要意义。

2. 多元化的参赛形式

"安康杯"安全知识竞赛采用线上加线下的参赛形式，设置了"安全隐患随手拍"现场陈述、线上安全知识竞赛等环节。"安全隐患随手拍"以图片为主要表现形式，选手们在规定时间内将在一定区域内发现的安全隐患上传至官方网站（微信公众号），并写明安全隐患所在的时间地点以及隐患分类；"现场陈述"是参赛选手在现场就发现的安全隐患进行陈述，分析隐患有可能造成的伤害、产生隐患的原因以及就如何预防该种隐患的产生提出相对意见，陈述完毕后，由专家对答案作出评分；线上安全知识竞赛则是选手通过扫描官方二维码或在微信公众号等平台上对主办方设立的安全知识题库中的题目进行答题，每位选手进行答题的时间为45分钟，进入问卷答题时禁止设备切屏，题目共80道（其中60道为单项选择题，另外20道为多项选择题），题库题目构成建议为25道专项职业安全问题（单选题）+15道日常生活安全问题（单选题）+10道网络信息安全问题（单选题）+10道职业病预防问题（单选题）+10道专项职业安全问题（多选题）+10道安全隐患排查问题（多选题）。根据三项综合得分高低确定优胜奖获得者，同时获得优秀组织奖以及奖金等奖励。选手还可以通过线上安全知识讨论环节与全国各地同行交流互动，学习先进工作经验，共同探讨企业如何更好地开展安全生产管理活动，在行业工作中有什么常见的安全隐患，进一步提升企业职工安全意识和防范能力，营造良好的社会舆论氛围。

（1）产学研结合的创新模式

"安康杯"竞赛活动倡导产学研结合，鼓励企业与高等院校、研究机构合作，通过与各大高校安全管理方向的专家进行合作，实现知识、技术和资源的共享，实现更高质量的安全竞赛创新成果。将实践与学术相结合，推动学校、研究机构、企业相互促进；安全专家的指引，可以让"安康杯"大赛的举办更具有权威性，与企业现实问题相结合，更易于让广大企业职工通过参与竞赛真正领悟贯彻安全问题的实质，从而在遇到现实问题时能够从容不迫地处理，减少安全事故的发生。这种创新模式能够使得竞赛活动更加贴近市场和行业的实际需求，也能够培养更多的高安全意识人才和安全创新型企业。

（2）创新赛事的组织方式

"安康杯"竞赛活动采取了一些创新的组织方式，如线上对接、创新加速、评审评选等，提高了赛事的效率和公正性。线上对接是赛前主办方宣发部门通过公众号等平台，在线上发布活动举行通告，并说明报名方式、报名条件、报名时限、报名要求，比赛的规章制度以及比赛流程，线上对接可以使参赛者更便捷地了解和参与赛事；创新加速可以帮助参赛者更快速地实现他们的创新想法，主办方公众号发布的推文末尾可附上意见反馈二维码，参赛选手可以通过扫描二维码，匿名提交关于赛事流程、赛事规章的意见和创新想法，主办方要广开言路，集思广益，认真听取广大群众的意见，积极反馈，见贤而思齐，对不足的方面进行改进；评审评选则能够更公正地评估参赛作品的质量和创新性，评委除了企业的高层管理人员，还可以邀请安全方面的专家，促进产学结合的同时，安全专家也可以就安全问题提出更具权威、更专业的建议。但是在这些创新形式背后还存在着许多不足，如选手安全理论知识储备不足，竞赛所提供的知识资源少，选手之间交流机会少等。因此，为了更好地推动"安康杯"竞赛工作，需要对其进行进一步的改进和完善，可以加强安康杯竞赛的赛前宣传工作。安全知识与技能是安康杯竞赛中一项重要内容，由于该项目的复杂性以及竞赛项目本身具有很强的专业性，所以安全知识与技能培训显得尤为重要，可以结合"安康杯"竞赛要求和教学实际，参考政治学习平台"学习强国"，设计并开发出一套基于 Android 平台的安全知识与技能在线学习系统，企业职工需要定期完成安全学习任务。职工可以通过该平台随时随地进行安全知识线上学习，这就解决了"安康杯"安全竞赛无法长期让企业职工进行安全学习的问题。通过该平台，企业职工可以通过长期的在线学习获得大量安全知识，加强安全意识的同时也能提高"安康杯"竞赛活动的参赛质量，企业职工可以在长期学习的过程中与全国各地的同行朋友进行交流，弥补"安康杯"竞赛活动线上选手之间交流机会少的遗憾，也变相加强行业内部的规范性和协调性。

"安康杯"竞赛活动的创新内容

"安康杯"竞赛活动作为一项有着丰富历史和底蕴的全国性赛事，始终致力于推动中国经济的创新和发展。为了适应时代需求，"安康杯"竞赛活动开发了一系列创新内容,"安康杯"竞赛活动始终坚持以人为本、科学管理,强化竞赛主题,深化竞赛内容,贴近企业,贴近职工,贴近实际,在创新内容上不断增强竞赛的吸引力、凝聚力和创造力。

1. 找准竞赛的切入点

紧紧围绕安全生产任务目标,积极开展职工喜闻乐见的"安康杯"竞赛活动。可以以班组或企业建设为载体,赛前开展短期的职工安全知识普及工作,利用工前五分钟、每日一题、安全演讲比赛、轮值安全员等方式,提高职工的安全意识和防护技能;以"工人先锋号"创建为契机,激励职工围绕安全标准化建设,争创一流业绩、一流团队;以岗位安全练兵、安全技术比武为手段,促进职工练技能、学技术、提素质;以劳动模范、安全标兵评选为抓手,引导职工在安全生产实践工作中建功立业。

2. 加强竞赛过程管理

通过征求意见、检查考核和总结表彰等方式,抓好竞赛的事前、事中和事后控制。坚持以安全生产、日常安全、职业病预防为竞赛目标,以企业安全生产"急难险重"问题为主攻方向,细化竞赛内容,科学设置竞赛指标,并把竞赛活动纳入企业的绩效考核之中,加大比赛结果的奖励力度,增强比赛对职工的吸引力,与其他工作同部署、同检查、同落实;对涉及生命安全和职业健康的职业病防护、事故隐患治理、职业病危害源,加大在竞赛中的涉及比例,让职工对于职业病预防、事故隐患治理等方面重视起来。

3. 突出竞赛维护职工安全与健康的本质特点

扎实开展安全风险源辨识和安全隐患排查治理等活动("安全隐患随手拍"),切实提升企业安全本质化水平,提高企业安全管理质量;认真组织劳动保护督察、群众性安全生产监督和群众性安全创新等活动,调动职工参与安全生产管理的积极性,提高职工对于安全隐患的嗅觉,进一步在职工心中植入安全文化与安全意识。

4. 注重竞赛效果，保证竞赛过程公平公正公开

通过安全管理专家调研指导、企业安全管理人员检查督促、企业高层责任考核、企业领导总结表彰等措施，保证竞赛流程的观赏性，规章制度的完善，竞赛结果达到企业认可、职工信服的目标；竞赛奖励应坚持物质奖励和精神激励相结合，通过召开总结表彰会，表彰获得优胜奖的职工、推广安全经验做法等方式，让获奖者有荣耀；通过给予物质奖励、晋升技能等级等方式，让获奖者得实惠；通过冠名表彰、颁发荣誉证书等方式，让获奖者在更深层次上体现价值，使其深切体会到自己的"成就感"和"荣誉感"，达到"表彰一个、带动一片"的激励效果，使企业职工争相学习安全知识、安全文化，实现"安康杯"竞赛活动举办的初衷。

5. 构建长效机制，使制度具有长期性、稳定性和约束力

"安康杯"竞赛必须抓好制度建设，形成保障职工安全健康的长效机制。一是完善工作机制。要及时建立健全线上安全知识学习平台，保证"安康杯"竞赛活动结束了，但安全学习不断档、不放松。健全竞赛组织机构，明确企业领导任"安康杯"竞赛组委会主任，形成党政工团齐抓共管的竞赛格局；积极实施职工代表巡视安全和职代会保安全制度，发挥职代会在企业安全生产中的民主管理作用；建立健全厂、车间、班组三级劳动保护监督检查机构，明确工作内容、职责和程序，夯实安全管理基础。二是完善培训机制。建立健全技能晋升奖励制度，完善职工定期安全培训和新职工上岗前三级安全教育制度，严格执行安全人员持证上岗制度；完善职工安全评价考核体系，促进职工培训与岗位技能考核鉴定相衔接，与晋升技能等级和物质待遇相联系，与安全生产、经营管理工作相结合，实现人尽其才、物尽其用。三是完善激励机制。可以专门设立"安康杯"竞赛专项基金，除了用于"安康杯"竞赛的奖励，还可以通过安全生产月度考核、季度记功、年度表彰等方式，及时激励竞赛先进集体和先进个人；积极开展安全合理化建议征集和安全方面的技术革新、发明创造等群众性安全创新小改小革活动，定期表彰安全创新成果;与评先树优活动相结合,对竞赛过程中取得突出成绩的先进集体和先进个人,授予竞赛先进单位、工人先锋号和竞赛先进个人、劳动模范等荣誉,激励职工自觉、主动参与"安康杯"竞赛活动,主动学习安全知识。

6. 狠抓职工安全教育

抓好职工的安全知识教育是工会组织"安康杯"竞赛活动的一个重要目标。要把职工安全教育作为职工宣传教育的重要内容,并与"十个一活动""职业病宣传周""安全生产月"等活动相结合,定期组织不同层次、不同形式的安全学习教育。同时积极组织职工参加安全操作练兵比武,开展导师带徒、安全创意展示、应急演练等安全技能活动,不断提高职工履行岗位职责和有效防范事故的能力及水平。

7. 加入《安全生产法》有关内容

《安全生产法》既明确了工会的依法监督职能,也赋予了职工对安全生产进行民主管理和民主监督的权利,这也为"安康杯"竞赛活动的深入开展提供了有力支撑,体现了职工学习《安全生产法》的重要性和必要性,对职工维护自身权利具有重要作用,同时,工会组织应充分调动和发挥职工代表、工会劳动保护监督检查员的作用,采取提案、建议、检举等方式,履行新法赋予的民主监督职能,保障职工的安全健康权益的有效落实。同时,各级工会组织要以"安康杯"竞赛活动为契机,进一步完善安全管理体制机制,抓好安全生产责任制的责任落实,加大对安全设施和安全措施方面的投入,不断改善安全生产作业环境和条件,努力提升本质化安全水平。

8. 多元化创新

从多方面开展对竞赛活动的创新,例如以科技为引领的创新(科技是当前最重要的创新动力,"安康杯"竞赛活动鼓励参赛者在防范火灾、爆炸、化学物质泄漏、触电、机械伤害、职业病防治、安全隐患排查等安全领域进行创新研究,探索新的安全模式)、端对端的创新(端对端的创新是指从安全设计、成本最优、安全生产等各个方面都进行创新改进）、创新的社会价值（此类创新内容注重解决社会或环境安全问题，如日常生活中易遇到的触电、火灾、爆炸、中毒和窒息、物体打击、公路车辆伤害、坠落等安全隐患防范方案）、产业共性的创新（此类创新内容关注各类行业的产业痛点，探索通用性、跨领域的创新解决方案和商业模式）等多方面、多层次的创新探索，以帮助安全文化和社会的可持续发展。

9. 认识竞赛在安全生产工作中的地位和作用

做好安全生产工作的关键是"安全第一、预防为主"，防与治结合，把预防工作放在首位；解决管理人员和职工的安全意识不到位、安全生产知识的培训不到位的问题；始终围绕着安全生产知识的培训教育，围绕提高企业的安全生产管理水平和意识，围绕提高广大职工的安全生产知识和自我保护能力来进行。

10. 协调推进

各方在安全管理、普及安全教育方面要通力合作、突出重点，不断扩大"安康杯"竞赛活动参赛范围。"安康杯"竞赛是一项系统工程，需要多方参与、齐抓共管才能奏效。中华全国总工会与国家安全生产监督管理总局等部门要建立健全工作机制和制度，形成工作合力，参赛企业内部也要党、政、工、团齐抓共管。针对当前安全生产工作中出现的突出和难点问题，及时调整"安康杯"竞赛活动重点，始终把煤矿、建筑等事故高发行业、农民工聚集企业及有毒有害等危害严重的企业作为"安康杯"竞赛活动的重点开展对象，采取各种激励方式和手段吸引这些行业与企业参加到活动中来，从中选树安全先进典型，以点带面，全面推进安全生产工作。

11. 创新活动形式，扩大竞赛品牌效应

应充分发挥"安康杯"竞赛载体的作用，把职工培训教育、创建安全合格班组、企业安全文化建设等活动逐步纳入"安康杯"竞赛活动中，使"安康杯"竞赛活动内容更加丰富、充实，更具有活力和号召力。在认真总结活动经验的基础上,开展各种形式的安全文化活动,可以拍摄有关安全隐患防范的短视频、微电影,加强竞赛活动推广的同时,充实竞赛内容,使"安康杯"竞赛活动更具吸引力和趣味性、创造性。

12. 加强竞赛活动的信息交流和宣传报道

转变作风,深入实际。重视应用现代信息化手段,发挥互联网的作用,不断加强横向及纵向间的信息沟通,传递"安康杯"竞赛活动信息,快捷地指导"安康杯"竞赛工作。应加大宣传报道工作的力度,通过各种媒介宣传"安康杯"竞赛活动的好经验、好做法。加强对"安康杯"竞赛活动的引导。工会有关部门要经常组织人员深入企业了解"安康杯"竞赛活动的开展情况,帮助企业解决在活动开展中遇到的问题。继续加大省市间、产业间的全国"安康杯"竞赛活动的自查、互查和抽查力度,适时开展相互间的学习、考察和交流。

"安康杯"竞赛活动的创新形式

"安康杯"竞赛活动通过有效的竞赛形式促进了劳动保护工作的开展,激发和调动了广大基层职工安全生产管理的积极性、主动性。为此,我们应不断充实内涵,切实提高竞赛实效性,并从形式上作如下创新转变。

1. 向"智力型"转变

人才是资源,企业转型发展呼唤知识型、技能型、创新型职工队伍,也对"安康杯"大赛向"智力型"大赛转型提出必然要求。通过安全知识大赛、安全辩论赛、安全全能技术比武以及其他智力型"安康杯"比赛,努力创造尊重安全知识、安全人才、安全技术创新的环境,鼓励职工从被动的"让我平安无事"到主动的"我要安全"的意识转变,推动职工不断提高安全意识,熟练掌握安全技能,增强劳动保护意识和劳动保护能力,同时,企业领导应在日常工作中指导职工在工作实践中寻找提高安全水平、降低职业危害的新途径、新技术。

2. 向"健康型"转变

健康素养是健康中国战略实施的基础，健康中国战略在八个方面对促进健康中国建设有具体要求，已写入《国民经济和社会发展第十三个五年规划纲要》，其中包括"加强全民健康教育，提升健康素养"等内容。公民健康素养包括三方面内容：基本知识和理念、健康生活方式与行为、基本技能。建设生态型企业，打造安全环保健康的工作环境，减少职业病的产生，已成为现代职工追求的目标。"安康杯"竞赛是实现职工提高自身健康素养、提升幸福生活指数、提高职业病防治安全意识的重要途径。因此，"安康杯"竞赛活动应加大对提高职工健康素养与职业病预防意识等方面的竞赛力度。

3. 向"防护型"转变

预防是关键，加强"职业病危害普查和防控"，已被写入我国的《国民经济和社会发展第十三个五年规划纲要》。因此职业病防治工作是"安康杯"竞赛的重要内容。"安康杯"竞赛要未雨绸缪，发挥源头参与作用，积极推动各级工会组织参与劳动保护、安全生产等制度的制定，及时与行政部门签订集体合同和劳动安全卫生专项集体合同。大力开展职业病防治工作专项行动和职业病防治宣传教育活动，加大职业病检测、防护、防治力度，把学习职业卫生知识、增强职业卫生意识，纳入企业安全文化建设之中，引导职工自觉参与安全生产、劳动保护的监督管理，不断提高职工的自我防范意识。

4. 向"创新型"转变

创新是企业安全健康可持续发展不竭的动力，新时代"安康杯"竞赛活动必须以安全技术和安全管理创新为核心，充分运用"班组学习实验室""劳模创新工作室""高技能人才创新工作室""技师工作室"，通过定期评比、总结表彰、命名激励等方式，鼓励职工以提安全合理化建议、安全技术创新成果和先进安全操作法为形式，开展群众性安全创新活动，持续提高装备本质安全化水平与安全效能。

5. 向"效益型"转变

安全即效益,安全生产和企业经济效益相统一。为了促进企业盈利,企业生产经营管理方式均要转向高效创新安全管理和企业经济利益统一性管理。"安康杯"竞赛要适应这个要求,必须围绕安全即提高效益这个中心,只有增强了安全意识,才能提高工作效率,努力提高企业领导对安全生产和经济效益统一性的认识,强化职工安全生产意识,通过"安康杯"竞赛,培养职工养成健康向上的安全文化理念,使安全生产成为每个职工的自觉行动,有效地实现"健康效益就是真正意义上的安全生产"。

四 "安康杯"竞赛活动的创新案例

1. 班组"安康杯"竞赛活动的创新案例

在此,以昊华西南公司工会的做法来说明。为进一步贯彻落实全国总工会"重心下移、切实维权"的工作要求,昊华西南公司工会提出了紧扣公司生产经营中心,坚持"两个面向",即坚持面向基层、面向职工,重心下移,进一步扩大工会工作覆盖面,将"安康杯"竞赛活动延伸到班组,开展了"'安康杯'进基层、到班组"系列主题活动,切实做到"三个到位、三个促进",具体做法主要有以下几方面:

(1)认识到位,两个维护促发展

昊华西南公司工会通过"安康杯"竞赛活动几年的实践,认识到:公司以往的"安康杯"竞赛活动尽管形式多样、内容丰富,但对于像公司这样拥有近万名职工的企业来说,"安康杯"竞赛活动只停留在分公司(分厂)层面,职工参与面太窄,活动覆盖面太低;而班组作为企业最基本、最重要的细胞,直接关系到整个企业安全生产、职工劳动保护工作的顺利有效开展,切实做好班组的安全教育、劳动保护工作，也就做好了整个公司的安全、劳动保护工作，达到了开展"安康杯"竞赛活动的目的，从而维护了广大职工的安全健康权益。当前企业面临的安全形势严峻，如何更有效地协助行政部门确保生产经营持续安全运行、维护职工的劳动安全健康，已成为企业工会组织的当务之急。创新"安康杯"竞赛活动，延伸工作手臂，将活动开展到基层班组，一方面，从维护企业生产经营的角度出发，可促使公司各级行政领导不断改善职工的劳动条件，防止工伤事故、职业病和职业中毒事故；另一方面，从维护职工合法权益的角度，让职工了解工作岗位职业危害情况，加强自我防范意识，提高职工的安全意识和技能，也就维护了职工的生命权和健康权，促进了企业的安全生产与和谐发展。

（2）措施到位，学习提高促整改

公司"安康杯"竞赛活动领导小组根据市总工会《关于"安康杯"竞赛活动的指导意见》，作出"'安康杯'进基层、到班组"竞赛活动的总体部署，在公司基层班组中开展"五个一"活动，即"下发一本知识手册，进行一次学习讨论，开展一次实践演练，查处一项安全隐患，提出一条合理化建议"活动。

"下发一本知识手册"活动。公司工会专门编辑制作了1000册以"公司主要有毒物质介绍""公司常见救护方法""公司安全纪律管理"及"公司典型事故案例分析"等为主要内容的《劳动保护知识读本》，并下发到基层600多个班组，做到公司每个班组都有学习资料。

"进行一次学习讨论"活动。要真正做到安全生产，保护职工在劳动生产过程中的健康安全，学习培训是重要的前提，是提高广大职工安全生产意识和技能的关键。公司各基层工会结合各自实际，在班组职工中积极开展了各类安全生产、劳动保护的"安康杯"学习讨论活动，在基层班组中掀起了"安康杯"进基层到班组活动的学习热潮。

"开展一次实践演练"活动。公司工会会同相关职能部门，坚持不懈地开展了劳动保护知识竞赛、安全演讲赛、事故应急救援预案演练赛等一系列实践演练活动,公司工会还专门邀请了公司环安部气防站的专业人员深入一线班组,详细讲解了各类防毒器材的使用原理和正确穿戴方法,对班组职工穿戴防毒器材进行现场指导,有不正确的地方及时纠正,进一步增强了广大职工的安全和自我防范意识。

"查处一项安全隐患"活动。各班组响应公司工会号召,在开展学习讨论的同时,对班组现场劳动保护措施和安全制度执行情况等进行了自查,引导班组职工从身边的设备、从身边的行为查找不安全因素,并坚持边发现、边整改的原则,做到条条有着落、件件有交代。公司工会组织劳动保护监督检查委员会,定期监督检查基层单位的劳动保护和消防安全情况,对高温高压、重点要害岗位进行专项监督检查,将查出的安全隐患整理汇总后报公司领导和相关部门,以促进整改,并收到良好效果。据不完全统计,自"'安康杯'进基层、到班组"活动开展以来,共查处事故隐患120余项,整改率达100%。

"提出一条合理化建议"活动。各班组结合自身实际,对目前公司生产工艺、设备运行、安全管理情况及劳动保护状况,提出合理化建议180多项,为解决问题、整改隐患提供有力保证,促进了公司各项生产经营任务的顺利完成。

(3)服务到位,创新思路促维权

为使"'安康杯'进基层、到班组"活动更有成效,公司工会主席、副主席分别带领工会干部深入基层生产一线班组中,以点带面,忆公司以往的典型事故案例,组织班组职工一起学习安全生产、劳动保护、事故救援处理等相关知识,进一步提高职工安全意识和技能。

实践证明,"'安康杯'进基层、到班组"活动得到了公司各级行政及公司安全职能部门的充分肯定,在公司广大职工中营造了"学安全、要安全、懂安全"的良好学习氛围,进一步增强了职工的安全生产意识和自我防护技能,为公司生产经营工作的顺利完成保驾护航。基层班组职工们纷纷表示，工会组织把知识送到班组，这样的学习活动形式新颖，对所学的知识记忆深刻，进一步提高了职工的安全自我保护意识，体现了工会组织对一线职工的关怀和对广大职工安全健康的重视，工会维权工作落到了实处。

2. 企业"安康杯"竞赛活动的创新案例

企业是社会的细胞，和谐企业是和谐社会的基石，安全生产重于泰山。如何通过"安康杯"竞赛活动促进企业的安全生产，不仅是企业重点关注的问题之一，也是企业工会工作的重要内容。以北京建工集团工会为例，近年来以"安康杯"竞赛为载体，坚持"安全第一，预防为主，综合治理"的安全生产工作方针，深化安全文化建设，以强化监督检查职能和创建绿色安全工地为抓手，以建立和完善各项安全生产规章制度为保证，安全管理部和工会系统密切配合，有效地预防了重大伤亡事故的发生，切实维护了广大职工职业安全权，尤其是一线作业人员的生命健康权，为企业营造了和谐发展环境。

（1）筑牢"安康杯"竞赛活动的组织基础

企业开展"安康杯"竞赛活动以来，集团公司领导给予高度重视，明确竞赛目标、健全组织机构、制定实施方案、加大经费投入，全方位确保实效。一是加强领导，健全机构。强有力的组织领导是组织开展"安康杯"竞赛、提高竞赛实效的关键。活动中，集团公司成立了"安康杯"竞赛组委会，建立了集团和二级单位两级组委会加项目竞赛领导小组的三级体系。工会主席和安全生产分管领导担任组委会主任，相关部门参与，形成了党委重视，行政统一管理，工会组织实施，职能部门各负其责，职工群众积极参与的领导体制和工作格局。二是周密部署，落实责任。为了切实组织好竞赛活动，集团公司于每年初制定《"安康杯"竞赛活动方案》，在年度安全生产工作会上进行部署和动员，并与各单位签订《安全生产责任状》，要求各单位根据实际情况制定竞赛计划，各所属项目部根据计划制定具体实施方案，使竞赛活动做到有目标、有计划、有方案、有部署、有措施、有检查、有评比、有总结。集团公司从上到下成立两级劳动保护监督检查委员会，项目部

第 11 章 "安康杯"竞赛活动的创新与实践

配备劳动保护监督检查员,形成"横到边、纵到底、全覆盖"的劳动保护监督组织网络。劳动保护监督检查员常年坚守在施工生产一线,成为企业安全生产的"守护神"。

（2）坚持抓常抓实,打造竞赛长效机制

在深入开展"安康杯"竞赛活动中,集团公司工会注重把功夫下在日常,抓在经常,形成深入推进竞赛开展的长效机制。一是坚持年度考核评比长效机制。集团公司工会严把考核关,每年的 6 月 12 日进行竞赛监督抽查,内容包括竞赛方案制定与落实、工会劳动保护台账、劳动保护监督组织的建立和履职、安全防护用品使用情况等。同时,还对一线作业人员职业病防治工作进行检查。集团公司工会还将"安康杯"竞赛活动作为重点工程日常检查的重要内容之一进行检查。每年四季度,在各单位自检自评和集团公司抽查验收的基础上,集团公司工会对参赛单位及项目部进行总结考核,优选单位、项目部推荐参加北京市"安康杯"竞赛先进评选。二是坚持职工参与安全生产民主管理长效机制。集团公司工会积极探索"安康杯"竞赛与企业民主管理、民主监督之间的协同和发展,充分发挥工会组织在安全生产中的作用,努力做到"四个百分之百",即集团各生产企业（事业部）100% 签订《劳动安全卫生专项集体合同》,安全教育培训 100%,集团员工应急演练 100%,隐患整改 100%。

综上所述,由于"安康杯"竞赛是把竞争机制、奖励机制、激励机制应用于安全生产活动之中的群众性的"安全"与"健康"竞赛,其以群众性的安全文化活动为载体,通过竞赛使安全生产管理者、领导者的安全生产意识,职工的安全生产知识水平和能力得到提高,最终完成安全生产各项指标,不断推进企事业单位的安全生产工作,从而达到降低各类事故发生率和各类职业病发病率的目的。"安康杯"竞赛活动开展以来,竞赛组委会先后在全国各地开展了"全国职工安全卫生消防知识普及教育活动""全国职工安全生产知识比赛""全国职工安全生产知识百题答题比赛""全国职工安全生产知识网上答题竞赛""全国职工安全生产演讲""全国职工安全生产演讲比赛"及"安全生产巡回演讲"等活动。这些活动的开展,使安全生产知识深入人心,推动了各省市广泛开展形式多样的职工安全文化活动。通过开展"安康杯"竞赛活动,企业领导人的安全生产意识普遍增强,广大职工安全生产素质普遍提高,违章指挥、违章作业的情况逐步减少。由于参赛企业领导对"安康杯"竞赛活动非常重视,亲自过问,亲自抓,对活动的开展也舍得投入,生产过程中出现的事故隐患能够得到及时处理,企业伤亡事故和职业病发生率明显降低。据统计,事故多发企业通过参加"安康杯"竞赛活动,其伤亡事故发生率下降超过20%。石家庄市是交通事故高发省会城市,市政府为扭转交通事故居高不下局面,提出全市道路交通事故下降20%的目标。石家庄市交通管理局为实现这一目标,广泛开展了"安康杯"竞赛活动,事故的发生率大大下降。浙江省某道路施工部门,每年都发生十多人的伤亡事故,该企业自从被设为"安康杯"竞赛活动试点后,至今再未发生一起死亡和重伤事故。事实证明,"安康杯"竞赛在安全生产中所起的作用是无法估量的,它推动了企业安全文化建设,无论是企业管理者还是普通职工的安全意识都得到了普遍提高,越来越多的企业内部已逐步形成"我要安全"的良好安全生产习惯,违章指挥、违章作业、违反规章制度的情况被杜绝,事故自然也降了下来。实践证明,全国"安康杯"竞赛活动开展以后,对我国安全生产工作作出了重要贡献,这种竞赛凝聚了广大职工亲身参与企业安全生产管理的智慧和力量,提高了广大职工的安全生产素质和意识,实现了企业安全生产的本质转变,并进一步加快了企业安全文化建设步伐。现代企业要做好安全生产工作,必须重视和加强企业的安全文化建设。企业安全文化本身不是纯理论的,必须以形形色色的、形式多样的群众性安全生产实践活动为依托,吸引广大职工主动参与到企业的安全生产实践中去,并从中受到教育和启迪,最终形成正确的安全生产意识、理念、行为、习惯和职业道德。

参考文献

[1] 詹铮. 工会开展"安康杯"竞赛对企业安全发展的积极作用[J]. 工会博览, 2022（27）：30-31.

[2] 马兰."安康杯"竞赛调动了职工参与意识[J]. 现代班组, 2022（6）：7.

[3] 金璐岩."三强化"助力企业"安康杯"竞赛活动[J]. 企业文明, 2020（11）：111.

[4] 魏华. 煤矿企业开展"安康杯"竞赛活动的探讨与实践[J]. 当代矿工, 2019（8）：46-47.

[5] 李晓巍. 浅议"安康杯"竞赛在群众性安全生产工作中的作用发挥[J]. 工会博览, 2019（11）：32-33.

[6] 任国友, 窦培谦, 杨鑫刚. 新时代劳动和技能竞赛创新指南[M]. 北京：中国工人出版社, 2022.

[7] 任国友."安康杯"竞赛创新工作实用手册[M]. 北京：中国工人出版社, 2014.

[8] 任国友."安康杯"竞赛知识50问[M]. 北京：中国工人出版社, 2022.

[9] 王国祥, 陈俊伟. 组织"安康杯"竞赛促进企业安全发展[J]. 建材发展导向, 2015, 13（20）：34-35.

[10] 祝英权. 关于开展"安康杯"竞赛活动情况的调查[J]. 中国工运, 2012（12）：33-34.

[11] 刘云天. 深化"安康杯"竞赛活动的建议[J]. 中国工运, 2010（2）：51-52.

[12] 本刊编辑部. 落实全员安全责任，促进企业安全发展：全国"安康杯"竞赛活动经验撷英[J]. 中国安全生产, 2018, 13（7）：10-13.

[13] 曹海英, 于佳. "安康杯"竞赛活动开展20年"要我安全"到"我要安全"再到"我会安全"[J]. 工会博览, 2018（16）: 4-9.

[14] 尤立新. 继续深化"安康杯"竞赛活动[J]. 劳动保护, 2014（5）: 7.

[15] 王欣. 深入开展"安康杯"竞赛维护职工安全健康权益[J]. 中国职工教育, 2013（22）: 97.

[16] 杨红艳. 用"安康杯"竞赛促进安全生产[J]. 当代工人（C版）, 2013（5）: 88-90.

[17] 陈士云. 关于将"安康杯"竞赛有效融入班组安全建设的思考[J]. 北京市工会干部学院学报, 2011, 26（1）: 21-24.

[18] 任少华. "安康杯"竞赛保安全[J]. 现代职业安全, 2011（2）: 74-77.

[19] 曲建涛. 岗位安全操作规程的编制与管理[J]. 劳动保护, 2021（2）: 81-83.

[20] 张广艳, 王鸥, 张伯妍, 等. 排查整治安全隐患共促安全健康发展[N]. 滨城时报, 2023-7-6（3）.

[21] 史玉海, 张继成. 以"安康杯"竞赛构建和谐劳动关系[J]. 石油政工研究, 2014（2）: 58-59.

[22] 赖书闻. 打造工会竞赛品牌助力自贸港建设[N]. 工人日报, 2024-03-13（1）.

[23] 胡盛, 裘学东. 坚持"以人为本"开展"安康竞赛"[J]. 现代企业文化（上旬）, 2019（Z1）: 146-147.

[24] 张崇坤. 论企业开展"安康杯"竞赛活动的新内涵和新思路[J]. 山东工会论坛, 2015, 21（4）: 22-24.

[25] 朱根祥. 论新形势下的工会工作创新[J]. 中国水运, 2017（2）: 60-61.

[26] 李涛. 煤炭系统工会维护职工权益研究[D]. 太原: 山西大学, 2017.

[27] 韩雪颖. 国有航空企业工会数字化建设研究[D]. 上海: 华东师范大学, 2023.

[28] 习近平. 习近平总书记关于安全生产重要论述宣传读本摘录[J]. 安徽化工, 2020, 46（5）: 3.

[29] 中国法制出版社本书编写组. 中华人民共和国职业病防治法（2019年版）[M]. 北京: 中国法制出版社, 2019.

[30]《〈中华人民共和国安全生产法〉专家解读》编委会.《中华人民共和国安全生产法》专家解读（2021版）[M]．北京：中国矿业大学出版社，2021.

[31]尚斌，王海，王秀丽．融合实施推进避免安全管理表面化形式化[N]．中国应急管理报，2024-04-10（3）.

[32]宋昊泽．工会劳动保护监督管理机制的创新思路分析[J]．质量与市场，2021（8）：55-56.

[33]赵天阳．中国妇女劳动保护问题研究[D]．北京：北京交通大学，2009.

[34]曹海英，崔欣，张威，等．撸起袖子，加油干！——首都工会组织职工开展劳动竞赛纪实[J]．工会博览，2017（6）：4-10.

[35]本刊编辑部．打造坚固的安全"堡垒""安康杯"为企业安全健康发展护航[J]．工会博览，2022（14）：13-19.

[36]杨智．浅议"安康杯"竞赛活动预算绩效目标体系建设[J]．中国工会财会，2023（5）：13-15.

[37]孙保声，阎瑞敏，陶茜．注重"安康杯"实效夯实本质安全基础[J]．中国电力企业管理，2023（15）：48-49.

[38]广泛开展"安康杯"竞赛大力促进企业安全生产：中华全国总工会副主席、书记处第一书记张俊九在全国"安康杯"竞赛总结表彰电视电话会议上的讲话[J]．中国劳动防护用品，2000（2）：4-6.

[39]2023年通州区"安康杯"竞赛圆满落幕[J]．工会博览，2024（1）：48.

[40]李涛．煤炭系统工会维护职工权益研究[D]．太原：山西大学，2017.

[41]《中国好人传》编委会．中国好人传[M]．北京：学习出版社，2022.

[42]崔政斌，刘炳安，周礼庆．安全生产十大定律与方法[M]．北京：化学工业出版社，2017.

[43]孟燕华，谢振华．建筑施工企业安全文化建设与实践[M]．北京：中国劳动社会保障出版社，2014.

[44]任国友，窦培谦，杨鑫刚．新时代劳动和技能竞赛创新指南[M]．北京：中国工人出版社，2022.

[45]李欣．高处作业安全[M]．北京：中国石化出版社，2017.

[46]苏国胜．受限空间作业安全[M]．北京：中国石化出版社，2017.

[47]杜红岩．动火作业安全[M]．北京：中国石化出版社，2015.

[48] 聂晓峰. 浅谈班组建设[J]. 文学教育（中），2010（9）：45.

[49] 伍常青. 浅析班组安全建设与管理[J]. 环渤海经济瞭望，2018（11）：113-114.

[50] 李国兵. 以"安康杯"竞赛促进班组安全建设[J]. 劳动保护，2010（2）：60-61.

[51] 安红昌. 职工安全文化研究[J]. 工业安全与环保，2019，45（7）：54-56.

[52] 满江月. 组织层面安全文化与职工安全文化相关性研究[D]. 唐山：华北理工大学，2022.

[53] 李杰，陈伟炯. 海因里希安全理论的学术影响分析[J]. 中国安全科学学报，2017，27（9）：1-7.

[54] 陈克祥. 创新"安康杯"竞赛活动[J]. 冶金企业文化，2017（2）：58.

[55] 邢承木. "安康杯"竞赛要实现"五个转变"[J]. 劳动保护，2016（7）：51.

[56] 胡英霞. 加强领导创新形式注重结合将"安康杯"竞赛活动引向深入[J]. 当代工人（C版），2013（2）：90-92.

图书在版编目（CIP）数据

"安康杯"竞赛活动指导手册 / 任国友, 侯烺祎主编. -- 北京：中国工人出版社, 2024.9. -- ISBN 978-7-5008-8504-7

Ⅰ.X931-62

中国国家版本馆CIP数据核字第2024H0B497号

"安康杯"竞赛活动指导手册

出 版 人	董 宽
责任编辑	魏 可　时秀晶
责任校对	张 彦
责任印制	栾征宇
出版发行	中国工人出版社
地　　址	北京市东城区鼓楼外大街45号　邮编：100120
网　　址	http://www.wp-china.com
电　　话	（010）62005043（总编室） （010）62005039（印制管理中心） （010）62379038（职工教育编辑室）
发行热线	（010）82029051　62383056
经　　销	各地书店
印　　刷	三河市国英印务有限公司
开　　本	710毫米×1000毫米　1/16
印　　张	16.25
字　　数	225千字
版　　次	2024年9月第1版　2024年9月第1次印刷
定　　价	48.00元

本书如有破损、缺页、装订错误，请与本社印制管理中心联系更换
版权所有　侵权必究